好喝滋补汤

李宁

主编

汉竹图书微博
http://weibo.com/hanzhutushu

江苏凤凰科学技术出版社
全国百佳图书出版单位

导 读

　　"给家人做饭的时间不多，但是花在每一道汤里的时间却从不节约，那是我对家人满满的爱。"忙里偷闲的日子，李宁老师总会为自己和家人煲一碗好汤。

　　除了繁忙的临床工作外，李宁老师还会受邀参加电视节目以及科普讲座，忙成"空中飞人"，但我们眼中的她一直是神采奕奕、容光焕发的，亲切的笑脸上看不到一丝倦容。四处奔忙但是回到家终究有一套自己的"养生之法"——煲汤。

　　本书列举的260道滋补汤品，包括家常美味汤、五脏养生汤、四季滋补汤……既是李宁老师对美味的追求，又是对健康有利食物的追求。李宁老师更针对职业、疾病不同，专门给出具有辅助调理疗效的汤品，并且附有"养生功效"，细心提示"煲汤更好喝"或"滋补随心搭"，让你煲得放心，家人喝得舒心。

　　用爱心和美味调理好全家人健康，下厨做饭确实是必不可少的投入。也许无法天天相守，餐餐相聚，但每当晚餐时刻，家人围在一起吃一顿饭，喝一碗亲手煲的汤，从头到脚的疲惫感就会慢慢卸下来，滋润身心的汤是温柔夜晚的开始，也是迎接明日美好的动力。

目录

PART
1
家常好汤让你元气满满

PART 2 家常美味汤

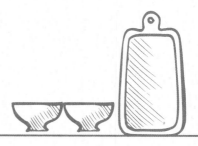

PART 4 四季滋补汤

PART 1

家常好汤
让你元气满满

煲汤要一口好锅

俗话说，工欲善其事，必先利其器。煲制一锅好汤离不开得心应手的好工具。

砂锅

质地细腻的砂锅煲汤的特点是热得快、保温能力强、香味浓，且汤不容易挥发，耗水量少。砂锅一定要选釉挂得厚厚的，不仅砂锅的外层要挂上釉，里层也要如此，摸起来要光滑。

高压锅

高压锅煲汤可以通过压力和高温在很短的时间内把原料中的营养物质分解出来，遗憾的是会破坏食材中的维生素。而且出自高压锅的汤，汤水清淡，无老火煲汤的浓醇。

瓦罐

用瓦罐煲汤味道鲜美。瓦罐由于其形状及材料的独特性，传热均匀、散热缓慢、水分流失少，因此，汤汁在瓦罐里能够充分混合，自然味道鲜醇。

不锈钢锅

不锈钢锅受热均匀、导热快，由于煲制时间短，不仅充分保留了食物中的营养成分，而且汤色乳白、滋味醇厚。但容易和一些药材发生化学反应，所以不适合煲老火汤。

炖盅

和其他器皿相比较，炖盅就更加隆重一些，所谓三煲四炖，就是这个道理，炖盅"隔水蒸炖"，能保住汤品的元气不被挥发；使热力均匀平衡，汤品的营养结构不被破坏。

不粘汤锅

新式煲汤的利器，可煎，可炒，可炸，可炖煮。它起热均匀迅速，相对瓦罐和砂锅来说更耐烧耐摔，而且有的锅还可以适用于电磁炉，煮完汤也能直接端上桌。

一碗好汤的美味法则

汤水之爱,是需要时间成就的艺术,守一炉小火,静心等候一碗好汤。

煲汤

煲汤一般在3小时以上。不易熟烂的食材,经大火煮沸,再用小火熬煮至汁稠肉烂,像大骨汤等,火力百转千回,才能炖出其精髓。

炖汤

炖汤分直火炖和隔水炖。直火炖以葱姜炝锅,食材过油煎或炒至半熟,淋入汤汁或清水,烧开后再小火慢炖,直至皮酥肉烂,汤汁浓醇。隔水炖一般需要2~4小时。小块的食材,经过小火慢炖至食材出味,蒸汽保持着食材的原汁原味。

煨汤

煨汤是将新鲜食材直接入锅,用小火慢慢煮至熟烂。因为食材没有经过焯水或者过油,汤水沸腾后,需要将汤上的浮沫一一撇去。而煨出来的汤因没有过水或油损失原汁,所以汤味更浓。

汆汤

汆汤属于大火速成的烹饪方法,时间一般在3~10分钟,适合不宜久煮的食材,如蔬菜、水果、肉丸、鱼丸等,只求烫熟,以保证鲜嫩甜美的口感,汤味鲜爽不油腻,很讨家人的欢心。

煲汤的主角食材

🌾 五谷杂粮

玉米	味甘，性平，调中开胃、益肺宁心
红豆	味甘、酸，性平，能利湿消肿，主补血、健脾胃
薏米	味甘、淡，性微寒，有健脾利湿、清热排脓功能
绿豆	味甘，性凉，主清热解毒、止渴健胃、利水消肿
黄豆	味甘，性平，具健脾益气、润燥利水、通乳的功效
花生	味甘，性平，健脾开胃、理血通乳、润肺利水

🍄 蔬菜

冬瓜	味甘、淡，性微寒，能清热化痰、除烦止渴、利尿消肿
白菜	味甘，性平，有解热除烦、通利肠胃、养胃生津的功效
白萝卜	味甘、辛，性凉，具有清热生津、消食化滞、开胃健脾的功效
菠菜	味甘，性凉，有养血、敛阴、润燥的功效
韭菜	味辛，性温，具有补肾、健脾暖胃的功效
南瓜	味甘，性温，有润肺益气、化痰排脓的功效
胡萝卜	味甘，性平，具有润燥安神、明目护眼的功效
莲藕	味甘，性寒、熟后转微温，能消食止泻、开胃清热、滋补养性
番茄	味酸，性平，有生津止渴、健胃消食的功效

🍎 水果

木瓜	味甘，性平、微寒，助消化之余还能消暑解渴、润肺止咳
无花果	味甘，性平，能补脾益胃、润肺利咽、润肠通便
红枣	味甘，性温，有补中益气、养血安神的功效
山楂	味甘、酸，性微温，有健胃、消积化滞、舒气散瘀之效
梨	味甘、微酸，性寒，有润肺止咳、养胃生津的功效

🥄 肉类

牛肉	味甘，性平，可以补脾胃、益气血、强筋骨
猪肉	味甘、咸，性微寒，有滋养脏腑、补中益气的功效
猪肝	味甘、苦，性温，可以补肝明目、养血
鸭肉	味甘、咸，性微凉，能补阴益血、清虚热、利水
鸽肉	味咸，性平，有补肝壮肾、益气补血等功效
鸡肉	味甘，性微温，能温中补脾、益气养血、补肾益精
羊肉	味甘，性温，能暖中补虚、补中益气、开胃强身

🐟 水产

黄鱼	味甘，性平，具有益气、健脾开胃的功效
鳕鱼	味甘，性平，具有活血止痛、通便的功效
鲫鱼	味甘，性平，具有和中补虚、除湿利水、温胃进食之功效
海带	味咸，性寒，有软坚行水、祛湿功效
鲍鱼	味辛、臭，性平，有滋阴补养功效
海参	味甘、咸，性平，可以补元气、滋养五脏六腑

厨房新手煲汤指南

煲汤的技法

广式煲汤，加调味料较少，一般加适量盐调味，以免掩盖汤品的原汁原味。

氽汤类的清淡汤品，因为本身汤味不浓，可以适当加一些鸡精、胡椒粉之类的调味料来调味，以增加鲜度。

西式、韩式、东南亚风味的炖汤，用酱料和香料提香出味，如此才能做出正宗的风味。

大部分的煲汤，盐都不可早放，因为盐会使肉类食材中的水分很快流失，而且加快蛋白质的凝固，既降低了汤的口感，又不够营养。当然，煲汤时的那一份用心是所有技法的基础。

汤的种类

原汤

返璞归真，是所有汤品中营养最丰富、食材最丰富的汤。它就像撷取了自然的原生风景，动物食材的肉、骨，搭配各类蔬菜、水果、香料或者中药，熬煮成汤，滋补身心。

浓汤

在原汤的基础上久煮收水，把固体食物熬煮成液态食物，或加水淀粉勾芡，汤汁浓稠如粥。如南瓜浓汤、玉米浓汤，以及罗宋汤，都属于浓汤。

高汤

为成就他者而来，有着无私的"绿叶"精神。一般在原汤炖煮完成后，只用其汤而弃料。举例：煮牛肉面，会用牛肉或者牛骨熬制高汤；做馄饨前，先做鸡汁高汤；做日式拉面，用到柴鱼高汤（在高汤中放入柴鱼片）等。

淡汤

平易近人，自然清淡。蔬菜、肉类等稍加炒制，再加水煮沸就成了一锅淡汤。淡汤的炖煮时间较短，属于家常快手汤。下班后，系上围裙，短短数分钟就可以成就一碗恬静清香的汤。

羹汤

温和滋润，多是在淡汤的基础上加入水淀粉勾芡，以营造出浓稠的效果。做羹汤时，将蔬菜、水果或者肉类切成很小的碎末，然后入沸水中氽熟，再加水淀粉勾芡，如此一来，汤的口感更显鲜爽清淡。

甜汤

适宜女性的养生滋补类汤品多为甜汤，如银耳莲子汤、冰糖炖燕窝等。甜汤清润沁爽的口感，让舌尖的味蕾为之舒展，继而雀跃，红颜舒展。好的甜汤亦可滋养全家，如绿豆百合汤、川贝炖雪梨等。

分清体质喝好汤

中医理论认为，人与人之间在体质上存在着差异，大体可以归纳为以下九种体质类型，分别是阳虚体质、阴虚体质、湿热体质、痰湿体质、血瘀体质、特禀体质、气虚体质、气郁体质和平和体质。

 阳虚体质的特征

总体特征	阳气不足，以畏寒怕冷、手足不温等虚寒表现为主要特征
外形	肌肉松软不实
四肢与五官	怕冷，手足冰凉，喜欢热饮，精神不振，舌淡胖嫩，脉象沉迟
性情	性格内向，不爱说话，安静
发病倾向	易患肿胀、泄泻、痰饮等疾病
对外界环境适应能力	耐夏不耐冬，易感风寒、湿邪
饮食原则	适当多摄入性温热、具有温阳散寒作用的食物，如桂圆、牛肉等；要少吃或不吃性寒凉的食物，如豆腐、白萝卜、海带等；各种冷饮和冰冻食物一定不要食用
适宜食材	糯米、高粱、红豆、花生、核桃、桂圆、红枣、板栗、香菜、小葱、生姜、大蒜、辣椒、胡椒、羊肉、牛肉、虾、鳝鱼等

 阴虚体质的特征

总体特征	阴液少，以口干咽燥、手足心热等虚热表现为主要特征
外形	体形消瘦
四肢与五官	口干咽燥，鼻子发干，手足心热，好冷饮，舌红少津，脉象细数
性情	活泼好动，性情急躁
发病倾向	易患虚劳、失眠、遗精等疾病
对外界环境适应能力	耐寒不耐热，不耐受暑热、燥邪
饮食原则	多吃蔬菜等含膳食纤维及维生素较多的食物，宜吃含蛋白质丰富的食物，要少吃脂肪、糖分含量高的食物；可适量多吃甘凉滋润、生津养阴的食物，如甲鱼、牡蛎、鸭肉、银耳、白菜、番茄、豆腐等
适用食材	绿豆、黄豆、小麦、黑芝麻、黑木耳、银耳、番茄、菠菜、白菜、猪皮、猪瘦肉、甲鱼、黑鱼、鲤鱼、螃蟹、海参、海蜇、牡蛎、蛤蜊、百合、阿胶、西洋参等

⚠️ 湿热体质的特征

总体特征	湿热内蕴，以面垢油光、苔腻色黄、口干发苦等湿热表现为主要特征，爱犯困，大便燥结或黏滞，小便短黄，女性白带多，男性阴囊潮湿
外形	偏瘦或中等
四肢与五官	脸上出油，爱长痤疮，口干发苦，舌质偏红，苔黄腻，脉象滑数
性情	脾气急躁，易心烦
发病倾向	容易患热淋、痤疮等疾病
对外界环境适应能力	对湿热气候、湿重或气温偏高的环境较难适应
饮食原则	湿热体质的人，在饮食上先要管住嘴，不要盲目进补，而要学会巧除湿热。要尽量多吃薏米、绿豆、冬瓜、苦瓜、黄瓜、丝瓜、菠菜、荞麦、红豆、黄花菜、莴苣、茭白、竹笋等性味苦寒、甘平或有清热利湿作用的蔬果，尽量少吃辛辣油腻的食物。除此以外，所有在潮湿环境中生长的植物都有祛湿功效，如莲子、荷叶、紫苏、芡实等。湿热体质者要记住肥甘厚味的食物不要和冷饮一起吃
适宜食材	红豆、冬瓜、苦瓜、丝瓜、芹菜、白萝卜、莲藕、荸荠、鲫鱼、鲤鱼、海带、茯苓等

⚠️ 痰湿体质的特征

总体特征	痰湿凝聚，以形体肥胖、腹部肥大、口黏苔腻等痰湿表现为主要特征
外形	体形肥胖臃肿，腹部肥满松软
四肢与五官	面部皮肤油脂较多，多汗且黏，胸闷，痰多，喜欢吃甜食，苔腻，脉滑
性情	耐受力强，性格温和、稳重
发病倾向	容易得糖尿病、中风、胸痹等疾病
对外界环境适应能力	对气候湿热的环境适应能力差
饮食原则	痰湿体质的人往往伴有单纯性肥胖，这和饮食关联较大。痰湿体质在饮食方面应该多吃含蛋白质的食物和新鲜的蔬菜、水果，忌食高脂肪、高糖类等热量较高的食物，睡前忌吃甜点，不能吃过咸的食物，也忌喝咖啡、酒
适宜食材	红豆、黄豆、黑豆、青豆、豌豆、扁豆、甜杏仁、白萝卜、山药、洋葱、黄瓜、苦瓜、冬瓜、豆角、竹笋、茼蒿、生姜、紫菜、香菇、蘑菇、金针菇、鲫鱼、鲤鱼、海蜇、三文鱼、茯苓、苍术、荷叶、金银花、胖大海

血瘀体质的特征

总体特征	血流不畅，体内血瘀，以舌质紫黯、口唇发紫、色素沉着等血瘀表现为主要特征
外形	有胖有瘦，没有明显形体特征
四肢与五官	口唇、舌质比较晦暗，易出现瘀斑，皮肤晦暗、色素沉着、面生色斑、黑眼圈、舌下络脉紫黯或增粗、脉涩等
性情	健忘、容易烦躁
发病倾向	血证、痛证等疾病
对外界环境适应能力	不耐受寒邪
饮食原则	在饮食上，血瘀体质的人要多吃一些活血化瘀的食物，可以多喝玫瑰花茶、红花酒等，还可多吃山楂、橘子、白萝卜、豆芽等食物。同时，要注意养血补血，让血液滋润全身，可以多吃阿胶、红枣、鸡肉等食物。中药材里，三七最擅长止血，不仅止血不留瘀，还能促进新血的生成，非常适合血瘀体质的人食用
适宜食材	洋葱、茄子、油菜、大蒜、莲藕、白萝卜、豆芽、魔芋、生姜、黑木耳、鸡肉、海参、山楂、橘子、芒果、阿胶、三七、红花、当归、玫瑰花、葡萄酒等

 特禀体质的特征

总体特征	先天不足失常，以生理缺陷、过敏反应等为主要特征
外形	生理缺陷或畸形；过敏体质者一般无特殊外形
四肢与五官	患遗传疾病者有先天性、垂直性、家族性特征；过敏体质者常见鼻塞喷嚏、哮喘等
性情	性情随禀质不同情况各异
发病倾向	易患遗传疾病如血友病等；过敏体质者常患荨麻疹、花粉症、药物敏和哮喘等疾病；易患胎遗传病如五迟、五软、解颅、胎惊等
对外界环境适应能力	适应能力差，如过敏体质者对易致过敏季节适应能力差，易发宿疾
饮食原则	在饮食上，应该远离过敏源。食物类，如牛奶、花生、蛋、鱼、核果类、甲壳类海鲜（如虾、蟹）、面粉等；以及食品添加剂，如色素、抗氧化剂、防腐剂等，如蜜饯及糖果之类含添加剂的食物，过敏患者要少吃。接触即会过敏的，如香蕉、猕猴桃、板栗、芒果、木瓜等，只是碰一下，就可能造成皮肤发痒、红肿的过敏反应食物，特禀体质者要回避 一般而言，特禀体质者饮食宜清淡，忌生冷、辛辣、肥甘、油腻的各种发物，如酒、鱼、虾、蟹、辣椒、肥肉、浓茶、咖啡等，以免引起伏痰宿疾
适宜食材	薏米、绿豆、红枣、冬瓜、黄瓜、白萝卜、豆芽、洋葱、魔芋、山药、兔肉、鹌鹑、山楂、橘子、荷叶、人参等

⚠️ 气虚 体质的特征

总体特征	元气不足，以疲乏、气短、自汗等气虚表现为主要特征
外形	肌肉松软不实
四肢与五官	气短懒言，说话声音低弱，精神萎靡，容易出汗，舌淡红脉象微弱
性情	内向寡言，按部就班，不喜冒险
发病倾向	易患感冒、内脏下垂等病，且病程长、康复慢
对外界环境适应能力	不耐风寒、暑热、湿邪
饮食原则	补气健脾的食物多吃，如鹌鹑等；耗气的食物不能吃，如山楂
适宜食材	南瓜、圆白菜、胡萝卜、莲藕、山药、羊肉、牛肉、鸡肉、猪肚等

⚠️ 气郁 体质的特征

总体特征	气机郁滞，以脆弱忧伤、抑郁等气郁表现为主要特征
外形	体形偏瘦
四肢与五官	舌淡红，苔薄白，脉弦
性情	内向不语，情绪不稳，敏感多虑，闷闷不乐，抑郁
发病倾向	容易患不寐、郁证等病症
对外界环境适应能力	不耐阴雨天气，对嘈杂的环境和精神刺激适应能力差
饮食原则	补肝阴、养肝血，避免吃偏于收敛、沉降的食物，如乌梅
适宜食材	洋葱、丝瓜、蘑菇、白萝卜、猪瘦肉、鸭肉、甲鱼、海参、牡蛎等

⚠️ 平和 体质的特征

总体特征	阴阳气血调和，以体态适中、面色红润、精力充沛等为主要特征
外形	体形匀称健壮
四肢与五官	肤色润泽，目光有神，唇色红润，头发稠密有光泽，舌色淡红
性情	性格开朗，为人随和
发病倾向	很少
外界环境适应能力	对自然环境和社会环境适应能力较强
饮食原则	不可偏嗜；饮食要寒温适中，不宜过于偏食寒性或热性食物
适宜食材	花生、红枣、莲子、红薯、冬瓜、黄瓜、白菜、番茄、山药等

PART2
家常美味汤

快手生滚汤

补铁明目 补血养颜

胡萝卜菠菜猪肝汤

〜〜 2人份　⏱ 30分钟

原料

> 菠菜200克,猪肝150克,胡萝卜100克,生姜、盐、老抽、白胡椒粉、干淀粉、料酒、植物油各适量。

养生功效

* 猪肝富含蛋白质、卵磷脂和铁元素,对缺铁性贫血有改善作用。
* 多吃菠菜可降低视网膜退化的风险,更有助于防护大脑的老化。

做法

1. 菠菜去根,洗净。
2. 猪肝切片,加入干淀粉、料酒、盐、老抽拌匀。
3. 胡萝卜去皮,切成小丁;生姜切末。
4. 汤锅注入大半锅水,下入植物油、盐、姜末、胡萝卜丁。
5. 大火煮沸后下入菠菜,煮至再次沸腾时下入猪肝。
6. 用筷子快速搅散,至猪肝变色断生时关火,加入白胡椒粉调味即可。

把菠菜换成豆腐,豆腐营养价值高,与猪肝、胡萝卜一起煲汤,更显美味。

🍲 滋补随心搭 🍲

平菇蛋花青菜汤

〜〜 2人份 ⏱ 20分钟

原料

平菇50克,鸡蛋1个,青菜50克,植物油适量。

做法

❶ 平菇洗净,撕成小条;青菜择洗干净,切碎;鸡蛋取蛋黄,打散成蛋黄液。

❷ 油锅烧热,倒入平菇条炒至熟。

❸ 另取一锅,倒入适量水,煮开后倒入炒熟的平菇条,再加入蛋黄液和青菜碎略煮即可。

养生功效

* 平菇属于菌菇类,可以改善人体新陈代谢,增强体质;鸡蛋中蛋白质和卵磷脂含量丰富;青菜富含膳食纤维,有助于促进排便。

把青菜换成番茄,口感酸酸甜甜更加开胃。而且汤所呈现的视觉效果也更加明亮。

〜 滋补随心搭 〜

鸭血豆腐汤

〜〜 2人份 ⏱ 30分钟

原料

鸭血200克,豆腐1块,葱段、姜片、盐、胡椒粉各适量。

做法

❶ 豆腐洗净,切块;鸭血洗净,切块,入开水锅汆水后,捞出沥干备用。

❷ 油锅烧热,放入姜片爆香,加水烧开后加入汆好的鸭血块、豆腐块,再次烧开后,加盐、胡椒粉、葱段调味即可。

养生功效

* 鸭血富含蛋白质和微量元素,补铁的作用尤为突出,有防治缺铁性贫血的功效。

鸭血要在开水锅中汆一下,以去除腥味和血水;选择嫩豆腐、老豆腐都可以。

〜 煲汤更好喝 〜

芦笋鸡丝汤

🍜 2人份　⏱ 40分钟

原料

芦笋100克，鸡肉100克，金针菇20克，鸡蛋清1个，高汤、干淀粉、盐、香油各适量。

做法

① 鸡肉洗净，切丝，用鸡蛋清、盐、干淀粉拌匀腌20分钟。

② 芦笋洗净沥干，切段；金针菇洗净沥干。

③ 锅中放入高汤，加鸡丝、芦笋、金针菇同煮，待沸后加盐，淋香油即可。

这道汤品在选材上应该选择鲜芦笋，没有的话，可以用芦笋罐头代替。

煲汤更好喝

养生功效

* 鸡肉中蛋白质含量很高，有增强体质的作用，尤其适合老人和体弱者食用。

虾皮紫菜豆腐汤

🍜 2人份　⏱ 30分钟

原料

紫菜1片，豆腐1块，虾皮、盐、香油、植物油各适量。

做法

① 将豆腐洗净，切小块。

② 油锅烧热，放入虾皮炒香，倒入清水烧开。

③ 放豆腐、紫菜煮2分钟，加入盐和香油调味即可。

紫菜撕成小朵放入，记得要最后再放，放早了紫菜的鲜味会不够浓郁。

煲汤更好喝

养生功效

* 虾皮含钙丰富，是补钙的佳品。

* 紫菜含有丰富的硒，能增强机体免疫功能，提高人体抗辐射能力。

南瓜银耳甜汤

滋阴润燥
补血养颜

〰〰 2人份 ⏱ 40分钟

原料

南瓜50克，银耳10克，莲子、红枣、红糖各适量。

做法

❶ 南瓜洗净，切块；莲子去莲子芯；红枣去核，洗净；银耳泡发后，撕小朵，去根蒂。

❷ 南瓜块、莲子、红枣、银耳和红糖一起放入砂锅中，加适量温水，大火煮沸后转小火煲煮30分钟，至南瓜熟烂即可。

养生功效

* 此汤品兼有黄、白、红三色食材，同食可益气补血、健脾和胃、养心安神。

将南瓜换成桂圆，桂圆有补血、养心脾等功效，还可缓解不安情绪。

〰 滋补随心搭 〰

时蔬鱼丸煲

提高免疫力
明目养神

〰〰 2人份 ⏱ 30分钟

原料

鱼丸10个，洋葱半个，胡萝卜半根，西蓝花1小棵，盐、白糖、酱油各适量。

做法

❶ 洋葱、胡萝卜分别去皮，洗净，切丁；西蓝花洗净，掰成小朵备用。

❷ 油锅烧热，倒入洋葱丁、胡萝卜丁，翻炒至熟，加水烧沸，放入鱼丸、西蓝花，煮熟后加盐、白糖、酱油调味即可。

养生功效

* 西蓝花含丰富的维生素 C 和硒，有助于增强人体的免疫功能。

* 胡萝卜中胡萝卜素含量丰富，能起到明目养神的功效。

汤不用煮太久，不然汤的鲜味会流失。鱼丸浮上汤面后就可以关火了。

〰 煲汤更好喝 〰

慢炖滋补汤

养阴平肝
补中益气

鲍鱼砂锅鸡

〰〰 2人份 ⏱ 2小时

原料

新鲜鲍鱼3只，干香菇15克，红枣10克，干黄花菜5克，姜片10克，仔鸡1只，盐、白胡椒粉、葱花各适量。

养生功效

* 鲍鱼肉质细嫩，是一种温补而不燥的海产；鸡是常见的补气养虚的食材，和鲍鱼一起煲汤，滋补效果好，而且味道鲜美。

做法

❶ 新鲜鲍鱼去除背壳，去除杂质，洗净备用。

❷ 干香菇、干黄花菜、红枣用清水浸泡至涨发，剪去蒂部，备用。

❸ 仔鸡宰杀清理干净，从尾部开口掏出内脏，将双腿交叉盘起。

❹ 大锅水煮沸，下入全鸡，汆至断生后捞出。

❺ 将煮过的水倒掉，重新注水，下入鸡、鲍鱼、姜片、香菇、黄花菜和红枣，盖上盖子，大火煮沸后转小火，炖1小时。

❻ 最后加盐，将鸡转入砂锅中码好造型，再煮至沸腾后关火，加白胡椒粉调味，最后撒上葱花即可。

鲍鱼营养价值极高，鲜鲍的营养价值远胜干鲍，因为干鲍在烹饪时会流失大量营养。

〖 煲汤更好喝 〗

花生猪蹄汤

〰〰〰 3人份　🕐 90分钟

原料

猪蹄1个, 花生50克, 小葱、生姜、盐、料酒各适量。

做法

❶ 小葱洗净,切段; 生姜洗净,切片; 花生洗净。

❷ 猪蹄洗净, 放入锅内, 加适量水煮沸, 撇去浮沫。

❸ 锅内加入花生、葱段、姜片、料酒, 转小火继续炖至猪蹄软烂。

❹ 拣去葱段、姜片, 加盐调味即可。

养生功效

* 花生中所含的脂肪大多是不饱和脂肪酸, 对预防心血管疾病有一定的好处, 而猪蹄富含胶原蛋白, 有美颜润肤的功效。

炖煮的时间越久, 食材释放的营养成分越多, 汤味才会越浓, 但不要太早放盐。

◦ 煲汤更好喝 ◦

冬瓜莲藕猪骨汤

〰〰 2人份　🕐 1小时

原料

猪腿骨500克, 冬瓜300克, 莲藕100克, 酱油、醋、葱段、姜片、大蒜、葡萄酒、盐、香菜各适量。

做法

❶ 猪腿骨洗净, 加酱油、姜片、葡萄酒、盐腌制; 冬瓜去皮切片; 莲藕去皮切块。

❷ 油锅烧热, 将大蒜、姜片爆香, 放入猪腿骨煸炒, 待肉变色转到高压锅内, 加水、葱段、姜片, 加压焖30分钟。

❸ 放入莲藕、醋, 焖10分钟再放冬瓜片, 加盐焖10分钟后撒上香菜即可。

养生功效

* 冬瓜利尿排湿, 莲藕健脾开胃, 与猪骨同食, 可养血生乳、补虚清热。

冬瓜很容易烂, 猪腿骨快熟后再放入。莲藕要去皮, 否则会让汤品颜色偏黑。

◦ 煲汤更好喝 ◦

补气补血
滋阴润燥

药膳乌鸡汤

〰〰 2人份 ⏱ 3小时

原料

乌鸡1只，当归、黄芪各3克，枸杞5颗，葱段、姜片、盐各适量。

这道汤的口味偏清淡，山药和乌鸡同食，会营养更丰富，且有效吸收。

〜 滋补随心搭 〜

做法

❶ 用水冲掉乌鸡表面血水，再将乌鸡入锅内汆水，水开后将乌鸡捞出，用温水冲洗，切块备用。

❷ 砂锅中添加足量的水，将当归、黄芪、枸杞、葱段、姜片和乌鸡一起下入砂锅中。

❸ 大火烧开，小火慢煲汤，最长不要超过3个小时，加盐调味，再炖上10分钟即可。

养生功效

* 乌鸡有温中、益气、补精、添髓的功效。
* 当归可补血活血、调经止痛、润燥滑肠。

补气养血
强筋健骨

核桃乌鸡汤

〰〰 2人份 ⏱ 3小时

原料

乌鸡半只，核桃4颗，枸杞、葱段、姜片、料酒、盐各适量。

乌鸡和红枣、枸杞的搭配也可以起到滋阴清热的功效，有防治骨质疏松的作用。

〜 滋补随心搭 〜

做法

❶ 用水冲掉乌鸡表面血水，再将乌鸡入锅内汆水，水开后将乌鸡捞出，用温水冲洗，切块备用。

❷ 砂锅中添加足量水，放入乌鸡块，加核桃、枸杞、料酒、葱段、姜片同煮。

❸ 水再开后转小火，炖至肉烂，加盐即可。

养生功效

* 乌鸡富含丰富的蛋白质、铁等元素，是补虚劳、养身体的上好佳品。
* 核桃中含有蛋白质和维生素 E，和乌鸡同食可以补气血、提高生理机能。

三七香菇炖鸡

2 人份　🕐 1 小时 30 分钟

原料

三七 15 克，干香菇 30 克，鸡 1 只，红枣、料酒、葱花、姜末、盐、五香粉各适量。

做法

❶ 三七洗净，切碎块；干香菇洗净后用温水泡发；鸡宰杀后，洗净；红枣洗净，去核。

❷ 将鸡、香菇、红枣、三七块同入砂锅，加适量水，煮沸，加料酒、葱花、姜末，改用小火煨炖 1 小时，待鸡肉熟烂，加盐、五香粉，煨炖至沸即可。

养生功效

* 鸡肉蛋白质含量丰富，有增强体力、强壮身体的功效。香菇清香鲜美，做成菜肴，能增进食欲。
* 三七有化瘀止血、活血止痛的功效。

香菇比较容易吸收盐分，待鸡入味后再加入香菇，汤的味道会更好。

煲汤更好喝

莲藕炖牛腩

2 人份　🕐 2 小时 40 分钟

原料

牛腩 400 克，莲藕 100 克，红豆 50 克，生姜、盐各适量。

做法

❶ 牛腩洗净，切大块，入沸水氽，再过冷水，洗净沥干。

❷ 莲藕洗净，去皮，切大块；红豆洗净，浸泡 30 分钟；生姜洗净，切片。

❸ 全部食材放入锅内，加适量水，大火煮沸后转小火慢煲 2 小时，出锅前加盐调味。

养生功效

* 莲藕具有健脾开胃、益血补心的功效，且含有丰富的维生素 C 和膳食纤维。
* 牛腩蛋白质含量高，适宜身体虚弱的人食用，滋补效果佳。

此汤中的莲藕也可以用白萝卜或者土豆代替，根茎类食材都比较适合与牛肉搭配食用。

滋补随心搭

元气蔬菜汤

增强抵抗力
养阳益胃

韭菜豆香汤

🥄🥄 2人份 🕐 15分钟

原料

黄豆芽200克，韭菜30克，内酯豆腐200克，植物油、盐、鸡精、白胡椒粉各适量。

养生功效

* 韭菜可增强抵抗力、抵御风邪。
* 豆腐富含优质蛋白质，能迅速补充人体内加速分解的蛋白质，增强机体抵抗力。

做法

❶ 黄豆芽掐去根部，洗净备用。

❷ 韭菜洗净，切成3厘米左右长的小段。

❸ 内酯豆腐切成正方小块。

❹ 锅入油，大火烧至九成热，下入韭菜和豆芽翻炒1分钟。

❺ 加入盐和适量水，搅拌均匀。

❻ 煮至沸腾后下入豆腐块，再次沸腾后关火，加鸡精、白胡椒粉调味即可。

豆芽和韭菜过油炒一下，汤的味道会更足，
同时也可去除豆芽的豆腥味。

🥄 煲汤更好喝

预防三高
消暑解热

南瓜紫菜蛋花汤

〰〰〰 3 人份 ⏱ 15 分钟

原料

南瓜100克，紫菜10克，鸡蛋1个，盐适量。

做法

① 南瓜洗净，去皮，切块；紫菜洗净，撕成小块；鸡蛋磕入碗中，搅匀。

② 南瓜放入锅中，加适量水，炖煮至烂熟后放入紫菜。

③ 煮开后，淋入鸡蛋液，搅出蛋花，再次煮开后，加盐调味即可。

养生功效

＊这款汤既能消暑，还对高血压、高脂血症、糖尿病的三高人群起到预防和保健作用。

南瓜表皮含有丰富的胡萝卜素和膳食纤维，所以也可以连皮一起食用。

⌒ 煲汤更好喝 ⌒

补肝明目
增强体质

意式蔬菜汤

〰〰 2 人份 ⏱ 20 分钟

原料

胡萝卜、南瓜、西蓝花、白菜各100克，洋葱1个，蒜蓉、高汤、橄榄油各适量。

做法

① 胡萝卜、南瓜洗净，切小块；西蓝花洗净掰朵；白菜、洋葱洗净，切碎。

② 锅内放橄榄油，中火加热，放洋葱碎翻炒至洋葱变软。

③ 锅内放蒜蓉和所有蔬菜，翻炒2分钟。

④ 倒入高汤，烧开后转小火炖煮10分钟即可。

养生功效

＊胡萝卜、南瓜中的胡萝卜素能在体内转化成维生素A，起到补肝明目的作用。
＊西蓝花中维生素C的含量很高，可增强体质。

喜欢正宗意式口味和番茄的人，可以在翻炒蔬菜的时候添加一些番茄酱，口感更佳。

⌒ 煲汤更好喝 ⌒

马兰豆腐煲

清热止痢
消炎解毒

〰〰 2人份 ⏱ 30分钟

原料

豆腐100克，马兰头50克，水淀粉、盐各适量。

做法

❶ 将洗净的马兰头放进开水锅里烫去苦涩味，再捞起切成末；豆腐切小丁。

❷ 锅中加适量清水，下入豆腐丁。

❸ 大火煮15分钟，用水淀粉勾薄芡。

❹ 下入马兰头末，再加入盐调味，小火慢炖5分钟后即可出锅。

养生功效

* 马兰头具有清热止痢、消炎解毒等功效，此菜可辅助治疗溃疡、口臭、面部痤疮、便秘等。

煲汤时可以将马兰头换成蘑菇，蘑菇高蛋白、低脂肪，可以促进人体新陈代谢。

〰 滋补随心搭 〰

三鲜冬瓜汤

滋阴利水
生津止渴

〰〰 2人份 ⏱ 30分钟

原料

 冬瓜、冬笋、番茄、油菜各50克，鲜香菇5朵，盐适量。

做法

❶ 冬瓜去皮、子，洗净，切片；鲜香菇择去老根，洗净，切丝；冬笋切片；番茄洗净，切片；油菜洗净，掰段。

❷ 将冬瓜片、冬笋片、香菇丝、番茄片、油菜段一同放入锅中，加适量水，大火煮沸后转小火炖至冬瓜、冬笋熟透，加盐调味即可。

养生功效

* 冬瓜富含维生素C和钾，具有清热、利尿、消暑的作用。
* 冬笋味甘、性微寒，可以滋阴养血、清热化痰、解渴除烦。

可以在此汤的制作过程中加入适量的虾，味觉体验升级，而且营养更加丰富。

〰 滋补随心搭 〰

什菌一品煲

健脾开胃
补中益气

～～ 2人份 ⏱ 30分钟

原料

猴头菇、草菇、平菇、白菜心各50克，干香菇10克，葱段、盐各适量。

做法

❶ 干香菇泡发洗净，去蒂，划花刀；平菇洗净，切去根部；猴头菇和草菇洗净后切开；白菜心掰小棵。

❷ 锅内放入适量水、葱段，大火煮沸。

❸ 再放入香菇、草菇、平菇、猴头菇、白菜心，转小火煲10分钟，加盐调味即可。

养生功效

* 多种蘑菇搭配，氨基酸、维生素含量丰富，可改善人体新陈代谢，适合食欲缺乏者食用。
* 白菜心中含有大量膳食纤维，可以促进肠道蠕动，有助于排毒。

在放入各类菌菇的同时，滴入适量的鲍汁，汤品更加鲜美。

⌒ 煲汤更好喝 ⌒

荸荠鲜藕汤

清热解毒
润肺止咳

～～ 2人份 ⏱ 35分钟

原料

莲藕100克，荸荠100克，冰糖5克，枸杞5颗。

做法

❶ 荸荠削皮切小块；莲藕去皮切片备用。

❷ 备好的荸荠块、莲藕片、冰糖一起下入砂锅中，一次性加足水。

❸ 大火烧开，转小火慢炖30分钟，最后加入枸杞焖5分钟即可（焖15分钟，汤汁会更浓郁）。

养生功效

* 夏天食用荸荠和莲藕，能有效降暑，补充身体流失的水分，莲藕中的膳食纤维还能防治便秘。

喜欢吃粉藕的就早一点下藕，喜欢吃脆一点的就晚一点下。

⌒ 煲汤更好喝 ⌒

健脾养肝清胃涤肠

豆芽木耳汤

✓✓ 2人份 ⏱ 30分钟

原料

黄豆芽100克，黑木耳5克，番茄1个，高汤、盐、植物油各适量。

做法

❶ 番茄外皮轻划十字刀，放入沸水中焯熟，取出泡冷水，去皮切块；黑木耳泡发，切丝。

❷ 油锅中放入洗净的黄豆芽翻炒，加入高汤，放入木耳丝、番茄块，中火煮熟后加盐调味即可。

养生功效

* 黑木耳富含可溶性膳食纤维，可以减少人体吸收食物中的脂肪和胆固醇，与富含维生素 C 和 B 族维生素的黄豆芽同食，有助降脂、控制体重。

在烹调黄豆芽时，可以加入少量的醋，这样能减少维生素 B_2 的流失。

◝ 煲汤更好喝 ◜

滋养脾胃生津止渴

番茄土豆炖茄子

✓✓ 2人份 ⏱ 1小时

原料

番茄1个，土豆1个，茄子1个，葱花、盐、植物油各适量。

做法

❶ 土豆去皮切小块；番茄切小块；茄子切稍大一点的块，备用。

❷ 热锅倒油，放入番茄块炒至略微黏稠状。

❸ 再依次放入土豆块和茄子块，继续翻炒。

❹ 倒入适量的水（或高汤），开大火煮沸后转小火慢炖30分钟。

❺ 炖到茄子变得有些软烂，加盐调味。

❻ 大火收汤，撒葱花点缀后出锅。

养生功效

* 番茄有生津止渴、健胃消食的功效，茄子是帮助消化的食材，与土豆同食，可以预防便秘，改善食欲。

喜欢吃辣的可以在炒番茄的时候加红辣椒或者尖椒一起炒，味道会更香辣。

◝ 煲汤更好喝 ◜

浓情大骨汤

猴头菇竹荪排骨汤

🍜🍜 2人份 ⏱ 1小时30分钟

原料

猴头菇30克,竹荪30克,排骨500克,姜片、盐、鸡精、白胡椒粉各适量。

养生功效

* 猴头菇中的多糖有预防肿瘤的作用。
* 竹荪具有益气补脑、宁神健体的功效,常食可补气养阴、润肺止咳、清热利湿。

做法

1. 猴头菇用清水浸泡至涨发,挤去水分后切成片状。
2. 将猴头菇片装入大盆,加满水煮至沸腾,捞出过水,冲洗,并反复揉捏挤压,挤尽水分。
3. 竹荪用清水浸泡至涨发。
4. 排骨剁成长3厘米左右的小段,过沸水氽至断生后捞出。
5. 取一大汤煲,加入排骨、竹荪、猴头菇、姜片和适量水。
6. 盖上锅盖,大火煮沸后转小火,炖1小时,最后20分钟加盐,关火后加鸡精、白胡椒粉调味即可。

没有处理好的猴头菇煮出来的汤,会很酸涩发苦,所以猴头菇一定要反复浸泡、煮熟。

～ 煲汤更好喝 ～

补肺益肾
健脾安神

芋头排骨汤

〃 2人份　⏱ 1小时

原料

排骨200克, 芋头150克, 料酒、葱花、姜片、盐各适量。

做法

❶ 芋头去皮洗净, 切块; 排骨洗净, 切段, 放入热水中烫去血沫后捞出。

❷ 先将排骨、姜片、葱花、料酒放入锅中, 加清水, 用大火煮沸, 转中火焖煮15分钟。

❸ 拣出姜片, 加入芋头和盐, 小火慢煮45分钟即可。

养生功效

＊芋头膳食纤维含量丰富, 能增强肠胃蠕动。
＊猪肉富含蛋白质和 B 族维生素, 可促进人体新陈代谢。

在烹饪时放一点醋, 不仅能够让排骨炖得更烂, 还能使营养物质充分溶解到汤中。

〇 煲汤更好喝 〇

清热消肿
滋阴利水

冬瓜海带排骨汤

〃 2人份　⏱ 50分钟

原料

排骨200克, 冬瓜100克, 海带、香菜、姜片、料酒、盐各适量。

做法

❶ 海带洗净, 泡软, 切丝; 冬瓜连皮切大块; 排骨斩块, 放入沸水中氽一下, 捞起。

❷ 将海带丝、排骨块、冬瓜块、姜片一起放进锅里, 加适量水, 大火煮沸15分钟后转小火炖熟。

❸ 出锅前加料酒、盐调味, 撒上香菜即可。

养生功效

＊冬瓜清热利尿消暑, 海带碘元素丰富, 是预防缺碘性甲状腺肿的首选食材。

小火慢炖时, 可以等排骨酥烂后再加入冬瓜, 以免过早加入影响口感。

〇 煲汤更好喝 〇

补中益气 滋养脾胃

绿豆莲藕炖腔骨

🥄🥄 2人份　⏱ 2小时

原料

☐ 腔骨500克,莲藕200克,绿豆50克。

做法

❶ 腔骨剁小块;绿豆泡发6小时以上;莲藕洗净切片。

❷ 腔骨氽水后连同绿豆一起倒入砂锅中,加入半锅清水。

❸ 大火煮沸后下入莲藕片,转小火慢炖90分钟左右,待汤汁浓郁即可出锅。

养生功效

* 绿豆具有清凉解毒、利尿明目的功效。
* 莲藕具有清热生津、补益脾胃的功效。

煲汤时可以将腔骨换成排骨,具有很好的补钙效果。

⌒ 滋补随心搭 ⌒

滋补强身 补中益气

杂骨菌菇汤

🥄🥄 2人份　⏱ 2小时

原料

☐ 杂骨30克,菌菇30克,葱段、姜片、料酒、盐各适量。

做法

❶ 杂骨入锅中加料酒氽水,撇去浮沫,将杂骨冲洗干净;菌菇切小片,洗净备用。

❷ 砂锅中下入杂骨、葱段、姜片,再加入足量的清水。

❸ 大火烧开转小火慢炖90分钟,倒入菌菇,出锅前加盐调味即可。

养生功效

* 杂骨除含蛋白质、脂肪、维生素外,还含有大量磷酸钙、骨胶原、骨黏蛋白等,可为孩子提供充足的钙。

食材里的菌菇可以根据自己的口味,选择多种菇类混搭,味道也很鲜美。

⌒ 煲汤更好喝 ⌒

补充钙质
强筋健骨

胡萝卜羊排汤

〰️ 2 人份 🕒 2 小时 30 分钟

原料

羊排 500 克, 鲜香菇 10 克, 胡萝卜 1 根, 枸杞、生姜、盐各适量。

做法

❶ 羊排洗净, 切块, 用开水汆 5 分钟, 去血水, 捞出洗净。

❷ 胡萝卜洗净, 切片; 枸杞洗净; 生姜洗净, 切片; 香菇洗净, 切小块。

❸ 羊排、枸杞和姜片放入砂锅中, 加入适量清水, 大火煮沸转小火煲 2 小时, 接着放入胡萝卜和香菇煮熟, 加盐调味即可。

养生功效

＊羊排既是温补身体的食物, 又是益肾气、壮筋骨的食材, 适合筋骨冷痛、腰膝无力者食用。

如果喜欢汤清一些, 可以用大火或中火; 如果喜欢汤浓一些, 可以用小火炖。

〰️ 煲汤更好喝 〰️

清热祛湿
滋阴除燥

甜玉米大骨薏米汤

〰️ 2 人份 🕒 1 小时 50 分钟

原料

大骨 300 克, 甜玉米 1 根, 胡萝卜 1 根, 薏米 20 克, 盐适量。

做法

❶ 胡萝卜、甜玉米洗净, 切小段。

❷ 薏米放入清水中浸泡 2 小时以上; 大骨剁小段, 汆水撇去浮沫, 捞出冲洗待用。

❸ 砂锅中下入玉米段、胡萝卜段、大骨段、薏米, 用大火煮沸后转小火慢炖 90 分钟, 加入盐调味, 再炖 5 分钟即可出锅。

养生功效

＊薏米是补身佳品, 煲汤的时候加一些薏米, 祛湿效果好。此汤可清热祛湿, 排毒通便, 补虚健体, 通乳。

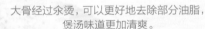

大骨经过汆烫, 可以更好地去除部分油脂, 煲汤味道更加清爽。

〰️ 煲汤更好喝 〰️

滋阴补血
润燥益肾

虫草花乌鸡炖海参

〰〰 3人份 ⏱ 2小时30分钟

原料

海参2只，虫草花30克，乌鸡1只、姜片、枸杞、盐、白胡椒粉各适量。

养生功效

* 虫草花含有丰富的氨基酸，可增强和调节人体免疫功能。
* 海参作为一种典型的高蛋白、低脂肪、低胆固醇食材，可滋阴养血、润燥养肾、养胎利产，对防治产后虚弱有很好的功效。

做法

❶ 新鲜海参需清理干净内脏，干海参需用5℃以下的纯净水浸泡至涨发后，再反复冲洗多次。

❷ 虫草花用清水浸泡至涨发。

❸ 乌鸡宰杀剁成小块，过沸水汆至断生后捞出。

❹ 高压锅内倒入鸡块、姜片、泡好的虫草花和洗净的枸杞，加入约5倍的水，加入海参。

❺ 盖上锅盖，大火煮沸后转小火，炖30分钟。

❻ 关火后加盐和白胡椒粉调味即可。

如果使用干海参，泡发时不可沾到油和杂质，否则会出现肉质溶化的现象。

〜 煲汤更好喝 〜

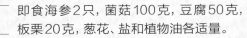

豆腐菌菇海参汤

〜〜 2人份 ⏱ 30分钟

原料

即食海参2只，菌菇100克，豆腐50克，板栗20克，葱花、盐和植物油各适量。

做法

❶ 即食海参洗净后切小圈，豆腐切小块。

❷ 锅中放少许植物油，待七成热时，倒入葱花爆香。

❸ 加入足量水烧开，下入海参圈。

❹ 菌菇洗净，同切好的豆腐块、板栗仁一起倒入锅中，转小火慢炖40分钟，调入盐，撒少许葱花即可出锅。

养生功效

* 豆腐能补脾益胃，清热润燥。

* 菌菇有滋阴益肾、增强免疫力等多种营养功效。

如果是干海参，需要提前一天用冷水浸泡，并且要将内脏清理干净。

꜀ 煲汤更好喝 ꜆

花菜番茄鲜鱿汤

〜〜 2人份 ⏱ 30分钟

原料

鱿鱼250克，花菜100克，番茄1个，盐、植物油、高汤各适量。

做法

❶ 花菜切小块，用盐水浸泡10分钟；番茄切块。

❷ 锅中加水烧开，倒入鱿鱼汆水，撇除浮沫，捞出冲洗干净后切小段。

❸ 锅中倒植物油烧热，下入番茄块煸炒出汁。倒入花菜和鱿鱼，加入高汤，大火烧开。

养生功效

* 花菜能强肾壮骨，健脾养胃，还能防癌抗癌。

* 番茄具有开胃消食、降压降脂的功效。

* 鱿鱼可缓解疲劳，恢复视力，改善肝脏功能。

煸炒过程中可以压一压番茄，使其出汁，让汤内的番茄味更浓郁。

꜀ 煲汤更好喝 ꜆

补肾益精
补充蛋白

海鲜豆腐汤

〰〰 2人份 ⏱ 1小时

原料

豆腐 100 克, 鲜虾仁 150 克, 鱿鱼 150 克, 蛤蜊 10 粒, 盐、姜片各适量。

做法

❶ 豆腐切小丁; 鲜虾仁去除虾线; 鱿鱼洗净, 切花; 蛤蜊用盐水浸泡, 使其完全吐沙。

❷ 鲜虾仁和鱿鱼一起放入沸水中汆烫后捞起, 入冷水中过水, 晾干。

❸ 锅中放入适量水煮沸, 加入豆腐, 煮沸后加入蛤蜊, 待蛤蜊张开时, 加入虾仁及鱿鱼, 再加入盐和姜片即可。

养生功效

＊鲜虾含有丰富的蛋白质、钙、铁等营养素。
＊豆腐也含有优质植物蛋白, 此汤是补钙佳品。

只有选择新鲜食材, 汤品最后的味道才会更鲜美。鱿鱼要选色泽鲜亮, 表层光滑的。
⌒ 煲汤更好喝 ⌒

化湿消肿
化脂减肥

鲍鱼白菜汤

〰〰 2人份 ⏱ 1小时20分钟

原料

鲍鱼 4 个, 白菜 200 克, 口蘑 4 个, 高汤 500 毫升, 植物油、盐和葱花各适量。

做法

❶ 用勺铲断鲍鱼背柱将其撬出, 去掉后面绿色内脏后洗干净, 再将鲍鱼正面改斜十字刀; 白菜切小段, 口蘑切片。

❷ 锅中烧热水后放入鲍鱼汆水 5 分钟, 使其肉质更紧致。

❸ 待锅中油七成热时, 加入葱花爆香, 放入鲍鱼翻炒片刻后, 倒入高汤和口蘑片, 大火煮开转小火慢炖 45 分钟。

❹ 闻到鲜香味后, 揭开锅盖下白菜段, 煮约 5 分钟, 调入盐后, 即可出锅。

煲汤时可以将白菜换成冬瓜, 与鲍鱼一起食用, 美味适口。
⌒ 滋补随心搭 ⌒

清胃涤肠
养肝明目

莴笋炖鲜鱿

〜〜 2 人份 ⏱ 1 小时 15 分钟

原料

莴笋 200 克, 鱿鱼 100 克, 枸杞 10 颗, 盐、高汤各适量。

做法

❶ 莴笋去皮切滚刀块; 鱿鱼洗净后汆熟, 切小段。

❷ 锅中倒入高汤, 莴笋块入锅烧开后转小火炖 10 分钟, 下入鱿鱼段和枸杞。

❸ 大火烧开, 转小火继续煮 10 分钟, 调入盐即可出锅。

养生功效

* 莴笋具有清热解毒、宽肠通便、降血压的功效。
* 鱿鱼可抑制血中的胆固醇含量, 缓解疲劳, 改善视力, 改善肝脏功能。

海鲜汤非常看重食材的新鲜度, 选择好的食材, 汤品最后的味道才会更鲜。

煲汤更好喝

补养脾胃
开胃消食

蛤蜊丝瓜汤

〜〜 2 人份 ⏱ 1 小时

原料

蛤蜊 200 克, 丝瓜 80 克, 盐适量。

做法

❶ 蛤蜊在清水中浸泡 2~3 小时, 去泥沙。

❷ 丝瓜去皮, 切成滚刀块; 将蛤蜊放入沸水中, 使其开口。

❸ 放入丝瓜块, 加盐调味, 大火烧开, 待丝瓜熟透, 关火出锅。

养生功效

* 蛤蜊丝瓜汤不仅能保护皮肤、消除斑块、美白皮肤, 还有解毒、凉血、清热化痰、活血通络的功效。

煮蛤蜊的时间过长肉质就会变老, 煮至开口即可, 这样煲出来的汤品肉质软嫩。

煲汤更好喝

PART 3

五脏养生汤

养心安神

　　中医认为，心好才能气血足、精神好。若要排心毒、清心火，必须分清虚实。如果高热、头痛、鼻出血、烦躁，则为实火，清心时要多吃"苦"味食品。如果出现咽喉干痛、心烦少寐，就得注意"护心"，贮藏体内津液，以润心阴、心血。

推荐食材：桂圆、红枣、莲子、枸杞、山药、薏米、牛奶、百合、人参等。

滋阴补肾 安神益智	**韩式参鸡汤**

〜〜 2 人份　🕐 1 小时 30 分钟

原料

仔鸡1只（1000克以下），糯米50克，人参1枝，红枣、板栗、松仁、姜片、盐、糯米酒、鸡精、白胡椒粉各适量。

养生功效

* 人参是滋阴补肾、扶正固本的佳品。以人参和鸡肉入汤，可大补元气、补脾益肺、生津止渴、安神益智，尤其适合冬季食用。

做法

① 糯米、红枣淘洗干净，用清水浸泡4小时以上。

② 鸡宰杀不要开膛，从屁股后开一小洞，将内脏掏出，清洗干净。

③ 剁去鸡爪，将糯米滤出，加入红枣、板栗、松仁混合均匀后，将一半材料塞入鸡腹中。

④ 用牙签把鸡腹上的开口穿起来封死，用小刀在一只鸡腿上刺个洞，再把另一只鸡腿穿进去。

⑤ 将剩余的一半材料倒入石锅中，再放入整鸡、人参、姜片，加入水至九分满。

⑥ 盖上盖子，大火煮沸后倒入糯米酒，转小火，炖1小时，关火前20分钟下盐，关火后加鸡精、白胡椒粉调味。

　　韩式参鸡汤的鸡不可过大，750克左右为佳。如果用干人参，用冷水浸泡至软后再炖汤。

〜 煲汤更好喝 〜

四红汤

〰〰〰 3人份　⏱ 1小时

原料

红豆80克, 红枣20克, 花生50克,
红糖10克。

做法

❶ 红枣去核切成小瓣, 红豆、花生洗净沥干,
一起放入砂锅中, 注入半锅清水。

❷ 大火烧开后转小火慢炖50分钟。

❸ 红豆、花生煮烂后, 放入红糖搅拌均匀。

❹ 待煮至浓稠即可, 尽快食用口感更好。

养生功效

• 红枣有补益脾胃、镇静安神的功效。与红豆、
花生、红糖同食, 还可补血补气、美容养颜。

红豆、红枣需要提前浸泡, 这样比较容易
熟烂, 煲出来的汤口感也更好。

〜 煲汤更好喝 〜

牡蛎海带汤

〰〰 2人份　⏱ 30分钟

原料

牡蛎肉250克, 海带50克, 姜片、盐、味精、
五香粉、料酒各适量。

做法

❶ 将牡蛎肉洗干净, 切成片; 海带用冷水泡
发, 漂洗干净, 切成条状。

❷ 将海带放入砂锅, 加适量水, 用小火煮沸,
待海带熟软后加牡蛎肉, 煮沸后烹入料
酒, 加姜片、盐、味精、五香粉, 再煮至沸
腾即可。

养生功效

• 牡蛎富含锌和蛋白质, 具有养心安神、滋阴补
肾的功效。

• 海带中的碘是甲状腺必需的矿物元素。

放入牡蛎和海带后, 等汤色煮至奶白色时
再加盐, 最后汤品的味道会更好。

〜 煲汤更好喝 〜

桂圆红枣生姜汤

 2人份 ⏱ 40分钟

原料

干桂圆20克，红枣30克，枸杞3克，红糖10克，姜片适量。

红糖可根据个人口味适当增减用量，熬好的桂圆红枣生姜汤需趁热饮用。

෴ 煲汤更好喝 ෴

做法

❶ 干桂圆去壳；红枣洗干净后对半剖开，去核；砂锅中放入500毫升左右的水，再将桂圆、去核红枣和姜片放入锅内。

❷ 大火煮开后，加入枸杞转小火慢炖20分钟，加入红糖，再次煮沸即可食用。

养生功效

• 桂圆有抗衰老、增强免疫力的功效。
• 红枣有养血安神、驻颜祛斑的作用。
• 枸杞可以滋补肝肾、明目、润肺、抗衰老。

红枣莲子银耳汤

 2人份 ⏱ 1小时10分钟

原料

莲子、桂圆各30克，红枣10颗，干银耳5克，白糖适量。

泡发银耳时不推荐使用开水；适当延长炖汤时间可以让银耳的口感更加松软。

෴ 煲汤更好喝 ෴

做法

❶ 将莲子提前用温水浸泡1小时。

❷ 桂圆肉洗净；红枣洗净，去核。

❸ 干银耳用温水浸泡，洗净，撕片。

❹ 莲子、桂圆、红枣和银耳放入砂锅中，加入适量清水，大火煮沸转小火煲1小时，加白糖调味即可。

养生功效

• 莲子性平、味甘，具有养心、补虚、补脾的功效。
• 银耳滋阴润肺，养胃生津，有一定养心安神的辅助功效。

南瓜银耳莲子汤

养心安神
美容养颜

🍜🍜 2 人份　⏱ 50 分钟

原料

南瓜 30 克，干银耳 5 克，莲子 5 颗，冰糖适量。

做法

❶ 南瓜削皮去子，切小块备用。

❷ 干银耳温水泡发后洗净，撕成小碎块；莲子清水泡胀。

❸ 南瓜块、银耳、莲子一起下入锅中，加清水，用大火烧开。

❹ 转小火，加冰糖，慢煮 20 分钟，煮至汤汁黏稠，即可关火出锅。

养生功效

• 莲子有养心安神、补肾固涩的功效。
• 南瓜可有效补充人体的养分、增强机体的抗病能力，还有美容护肤养颜的功效。

南瓜较熟的话可以在最后 10 分钟下入，避免煮得太烂。

╰ 煲汤更好喝 ╯

桂圆红枣猪心汤

健脑益智
强心安神

🍜🍜 2 人份　⏱ 2 小时 30 分钟

原料

猪心 300 克，红枣 30 克，桂圆 20 克，莲子 20 克，盐、姜丝各适量。

做法

❶ 猪心洗净血水，切薄片，加入姜丝一起腌半小时。

❷ 莲子提前 1 小时浸泡；红枣去核切小瓣；莲子剥开；桂圆去壳洗净备用。

❸ 烧一小锅开水，猪心倒入锅中氽水，出尽血沫后倒出用水冲净。

❹ 砂锅中放大半锅清水，倒入红枣、莲子、桂圆。

❺ 大火烧开后下入猪心片，转小火慢炖 90 分钟，加少许盐调味即可。

煲汤时可根据个人喜好加入少许党参、枸杞等一起炖，滋补效果更佳。

╰ 煲汤更好喝 ╯

养肝护肝

按中医理论来说，现代人工作压力大、熬夜，遇事容易情绪低沉，其实就是"肝气不顺"带来的问题。护肝养心要吃寒性食物，以利于泻火；酸味食物能保护肝脏；绿色蔬果可促进肠胃蠕动，排出毒素，减轻肝的负担。搭配这些食材做的"养肝汤"，有助于净化身体的内环境。

推荐食材：苦瓜、绿豆、乌梅、山楂、番茄、菠菜、山药、胡萝卜、猪肝等。

冬笋枸杞猪肝汤

益肝滋肾
补气养血

🥢 2人份　🕐 1小时

原料

冬笋、猪肝各200克，枸杞20克，姜末、干淀粉、生抽、料酒、植物油、盐、鸡精、白胡椒粉各少许。

养生功效

- 冬笋有滋阴凉血、清热益气、利尿通便解毒、养肝明目消食等多种功效。
- 枸杞可增强免疫力，养肝滋肾润肺。
- 猪肝可补肝明目养血，与冬笋、枸杞同食，保肝、滋肾，有助排酒毒。

做法

① 猪肝切薄片，加入干淀粉、生抽、料酒拌匀。

② 冬笋切厚片。

③ 将冬笋过沸水煮2分钟后捞出。

④ 汤锅入油，烧热后下入姜末，再下入冬笋翻炒1分钟。

⑤ 加入盐和适量水，盖上锅盖，大火煮沸后转小火，煮25分钟至汤色醇白。

⑥ 最后转大火，下入枸杞子和猪肝，将猪肝氽熟后即关火，加入鸡精、白胡椒粉调味即可。

猪肝煮的时间过长，口感会老，所以开锅之后再放入猪肝，烫熟就可以了。

🍲 煲汤更好喝

胡萝卜豆腐汤

 2 人份　⏱ 15 分钟

原料

豆腐 1 块,胡萝卜半根,鸡蛋 1 个,鸡汤 1 碗,盐适量。

做法

① 鸡蛋打散成蛋液;胡萝卜、豆腐分别洗净,切成丁。

② 鸡汤倒入锅中,煮开后,放胡萝卜丁、豆腐丁,再煮开后,倒入蛋液、盐烧开即可。

养生功效

• 胡萝卜含丰富的 β - 胡萝卜素,可转化成人体所需的维生素 A,起到养肝护肝、明目养神的作用。

最好选择老豆腐,切成丁后不会一煮就烂。最后汤品的食材呈现得完整,颜值也更高。

煲汤更好喝

番茄炖牛腩

 2 人份　⏱ 1 小时 40 分钟

原料

牛腩 250 克,番茄 2 个,八角 1 个,盐适量。

做法

① 牛腩切成小块,用开水汆一下,捞出备用。

② 番茄、洗净,切块,放入汤锅中。

③ 加适量水和八角,大火煮开后,放入牛腩,转小火继续煲 80 分钟。

④ 加盐,用大火再煲 10 分钟即可。

养生功效

• 番茄清热止渴、养阴凉血,加热后番茄红素的活性会有所提高,有利于排出体内多余的自由基,延缓衰老。而且番茄作为酸甜食物,可以养护肝脏。

牛腩不要买太瘦的,最好带点肥肉,这样炖出来的汤才会有嫩滑感,也更好喝。

煲汤更好喝

菠菜猪肝汤

补肝养血
补气健脾

〰〰 2人份 ⏱ 1小时20分钟

原料

猪肝200克，菠菜150克，料酒、干淀粉、生抽、枸杞、盐各适量。

做法

① 菠菜洗净、切段；枸杞用清水泡发。

② 猪肝用清水浸泡半小时，洗净后切片，加入少许干淀粉、盐、料酒腌制15分钟。

③ 菠菜段入沸水焯烫半分钟后，捞出沥干；再将猪肝片汆水后捞出。

④ 另起锅注入半锅清水，下入猪肝片，撇除表面浮沫。

⑤ 大火烧开后转小火，下入菠菜段和枸杞，调入盐和生抽，5分钟后即可出锅。

猪肝有明目养肝的效果，能和很多菜搭配煲汤，把菠菜换成胡萝卜更益于孩子的生长发育。

⌒ 滋补随心搭 ⌒

春笋红枣鸡汤

祛暑解毒
养肝护肝

〰〰 2人份 ⏱ 1小时40分钟

原料

草鸡半只，春笋100克，红枣5颗，料酒、姜片、盐各适量。

做法

① 半只草鸡分切成块状，用清水冲洗干净；春笋切片；红枣用清水浸泡。

② 锅中放入足量水、少许料酒，放入鸡块煮到变色，水面有浮沫漂起，捞出鸡块，用水冲掉鸡块表面浮沫。

③ 将鸡块、姜片、红枣一起入锅，加入足量水，大火烧开后转小火慢炖40分钟。

④ 鸡汤炖出香味后加入春笋片，再煮上20分钟。

⑤ 调入盐，继续煮5分钟即可出锅。

汆水的时候加入料酒去腥，后面炖汤的时候不要加了，保持汤原有的鲜味。

⌒ 煲汤更好喝 ⌒

胡萝卜红薯鲫鱼汤

补肝明目
补脾健胃

🍜🍜 2人份　⏱ 2小时

原料

鲫鱼1条,胡萝卜100克,红薯200克,葱花、姜片、料酒、盐、白胡椒粉、植物油各适量。

做法

① 鲫鱼清理后用料酒把鱼周身与内膛抹一遍,腌15分钟;胡萝卜、红薯去皮,滚刀切大块。

② 油锅大火烧至八成热,下入姜片煸香,转中火,下入鲫鱼,煎至两面焦黄起皮,下入红薯和胡萝卜,加水至九分满。

③ 加盖煮沸后去浮沫,转小火煮40分钟,关火前15分钟下盐、白胡椒粉和葱花。

养生功效

＊鲫鱼可补脾健胃,养肾补肝,常吃有很好的滋补效果。

鲫鱼、胡萝卜和红薯的味道清甜,此汤的盐不可多放,否则汤的味道也不鲜甜。

〜 煲汤更好喝 〜

鸽蛋猪肝冬笋汤

补肝益肾
明目养血

🍜🍜 2人份　⏱ 40分钟

原料

猪肝200克,鸽蛋2个,冬笋100克,植物油、葱花、盐各适量。

做法

① 将鸽蛋煮熟,然后剥壳备用。

② 切好的猪肝汆水,去除浮沫后捞出待用。

③ 油锅七成热,下入葱花爆香,入冬笋煸炒30秒,锅中加适量水,加入鸽蛋和猪肝,用大火烧开,转中小火煮5分钟。

④ 调入盐,搅拌均匀入味即可出锅。

养生功效

• 鸽蛋有养肝的功效,有助于肝脏结构和功能的维护和修复。

• 冬笋具有养肝明目、消食的功效。

冬笋食用前最好先用清水煮沸,再放到冷水泡浸半天,可去掉苦涩味,味道更佳。

〜 煲汤更好喝 〜

温养脾胃

脾胃健旺，脏腑功能才能强盛；脾胃协调，才能为身体各个器官提供充沛的动力。滋补脾胃多选甘味食物，甘味食物有滋养、补脾、缓急、润燥的功效；橙黄色蔬果富含各类维生素，也是健脾养胃的佳品，慢炖之后营养溢出，更有助于消化。

推荐食材: 山药、玉米、南瓜、黄豆、番茄、豆腐、香菇、白萝卜、菠菜、黄鱼、黑鱼、银鱼等。

开胃温补
清热健脾

酸萝卜老鸭汤

〰〰 2 人份　🕐 2 小时 30 分钟

原料

老鸭1只，酸萝卜老鸭汤汤料1袋，干香菇、姜片、红枣各适量。

养生功效

* 酸萝卜老鸭汤不仅酸爽开胃，还能大补虚劳、滋五脏之阴、清虚劳之热、清热健脾，是温养脾胃的佳品。

做法

① 老鸭宰杀处理干净。

② 干香菇用清水浸泡至涨发，去蒂洗净。

③ 取一大锅，加入大半锅水煮沸，然后下入老鸭氽至刚刚断生。

④ 将氽过水的鸭取出放入大汤煲中，加入香菇、红枣、姜片，然后倒入与鸭肉齐平的水。

⑤ 煮至沸腾后，下入酸萝卜老鸭汤汤料搅拌均匀。

⑥ 盖上锅盖，以最小火慢炖2小时即可。

选择主食材的时候选用青头老鸭最好，这样清火滋补的功效才最佳。

煲汤更好喝

番茄豆腐汤

生津止渴
健胃消食

🍜🍜🍜 3 人份 ⏱ 20分钟

原料

番茄300克,豆腐500克,植物油、盐各适量。

做法

① 将番茄洗净,切块;豆腐洗净,切块。

② 油锅烧热,加入番茄翻炒,炒出番茄汤汁。

③ 豆腐下入番茄原汤中,添适量水,加盐烧开,改中小火慢炖约10分钟即可。

养生功效

• 番茄可降低胆固醇,有效降低血压,和豆腐同食,可以降糖去脂、调和脾胃。

可以再放点紫菜,让汤的菜品更加丰富,最后起锅的时候加点糖调味,汤品的口感更佳。

〜 滋补随心搭 〜

豆腐香菇鱼丸汤

健脾益气
消水利肿

🍜🍜 2 人份 ⏱ 40分钟

原料

鱼丸100克,鲜香菇20克,豆腐1块,葱花、盐各适量。

做法

① 香菇去蒂,洗净;豆腐切块。

② 豆腐块、香菇放入锅内,加适量水,大火煮沸20分钟后,放入鱼丸,待鱼丸煮熟时撒上葱花,加盐调味即可。

鱼丸可以尝试自己做,朝着一个方向搅打鱼蓉直至起胶,鱼丸更劲道。

〜 煲汤更好喝 〜

养生功效

• 豆腐有益气宽中、生津润燥、调和脾胃等功效。
• 香菇可健脾开胃,扶正补虚,与鱼丸同食,可利水消肿、补益气血。

鲜香玉米羹

2 人份　⏱ 40 分钟

原料

鸡胸肉100克,新鲜玉米粒50克,鸡蛋1个,水淀粉、盐、料酒和植物油各适量。

做法

① 鸡胸肉洗净,剁碎,调入盐和料酒搅拌均匀,腌制15分钟。

② 锅中热油,下入新鲜玉米粒翻炒,再注入适量清水,大火烧开后转中小火烧10分钟,再下入腌制好的鸡肉碎。

③ 加入盐调味,用水淀粉勾薄芡,把鸡蛋的蛋清和蛋黄分离,取蛋清倒入锅中,搅拌均匀即可出锅。

养生功效

• 玉米可益肺宁心,健脾开胃,特别适合胃不好的人食用。

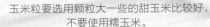
玉米粒要选用颗粒大一些的甜玉米比较好,不要使用糯玉米。

煲汤更好喝

菠菜山药汤

2 人份　⏱ 50 分钟

原料

菠菜200克,山药5克,生姜、小葱、盐、香油各适量。

做法

① 菠菜洗净;山药洗净,去皮,切薄片。

② 生姜洗净,切片;小葱洗净,切段。

③ 山药和姜片放入砂锅中,加入适量清水,大火煮沸转小火煲30分钟;再放入菠菜和葱段煮熟,加盐调味,最后淋上香油即可。

养生功效

• 山药有健脾补虚、补中益气的功效,可以用于脾虚食少、虚热消渴等症,是一味平补脾胃的药食两用之品。

在食用菠菜前,可先焯烫一下,焯烫时放入少量盐,菠菜的颜色更加翠绿。

煲汤更好喝

番茄菠菜蛋花汤

润肠排毒
健胃消食

〃〃 2人份 ⏱ 20分钟

原料

番茄100克，菠菜50克，鸡蛋1个，葱花、盐、香油和植物油各适量。

做法

❶ 番茄洗净，切片；菠菜洗净，切段；鸡蛋打散。

❷ 油锅烧热，放入番茄片煸出汤汁，再加适量水煮沸。

❸ 放入菠菜段、蛋液、盐稍煮，淋上香油即可。

养生功效

• 菠菜有通肠胃、润肠燥等功效。
• 番茄能生津止渴、健胃消食。

将菠菜换为大白菜，大白菜有养胃生津、预防心血管疾病的功效。

ᑐ 滋补随心搭 ᑐ

银鱼苋菜汤

补虚益气
养胃健脾

〃〃 2人份 ⏱ 30分钟

原料

银鱼100克，苋菜200克，大蒜、生姜、盐、胡椒粉和植物油各适量。

做法

❶ 银鱼洗净；苋菜洗净，切段；生姜、大蒜去皮，切碎。

❷ 油锅烧热，把蒜蓉和姜末爆香后，放入银鱼快速翻炒一下；再加入苋菜段，炒至微软。

❸ 锅内加适量水，大火煮5分钟，出锅前加盐、胡椒粉调味即可。

养生功效

• 银鱼性平，有补虚养胃、健脾益气等功效。
• 苋菜性凉，有补气、清热、明目等功效。

煲汤时还可以将面条、米线放进去同煮，主食、汤品一锅搞定。

ᑐ 煲汤更好喝 ᑐ

润肺止咳

人体所有的气都受肺的调控，清气吸入、浊气排出，后天之气就旺盛充沛，益于人体健康。因此，平时需要多吃养肺的食物，多酸少辛为宜。此外，也应该多吃白色食物，尤其是白色的水果蔬菜。

推荐食材: 白萝卜、紫菜、枇杷、银耳、雪梨、猪瘦肉、鸭肉、百合、罗汉果、陈皮等。

润肺清火
化痰止咳

川贝百合炖雪梨

🥄 1人份   🕐 2小时30分钟

原料

干百合3克，川贝4粒，雪梨1个，冰糖5克。

养生功效

* 百合、川贝、雪梨均是秋季润肺清火、化痰止咳的良品，加冰糖清炖，对治疗肺热久咳有较好的效果。

做法

① 干百合用清水浸泡至涨发。

② 川贝用擀面杖捣碎成粉末状。

③ 雪梨洗净去皮，用雕花刀从顶部四分之一处刻开，再用挖勺器挖空内核。

④ 将川贝粉、百合、小块冰糖倒入雪梨洞中，最后加入清水与梨口边缘齐平。

⑤ 将雪梨连盘子放入已经烧上汽的蒸锅中，盖上一个小盖子，或者把切下来的雪梨当盖子盖住亦可。

⑥ 盖上蒸锅，小火蒸2小时即可。

炖制的过程中，雪梨本身也会出水，所以最好把雪梨放入炖盅或者有一定深度的盘子中。

煲汤更好喝

桃胶皂角银耳红枣羹

 润肺止咳 和胃健脾

〰〰 2人份 ⏱ 1小时30分钟

原料

桃胶20克，皂角米10克，干银耳20克，红枣20克，百合5克，冰糖50克。

做法

❶ 桃胶放入清水中浸泡一夜至软涨，将其表面的黑色杂质去除，用清水反复清洗后，掰成均匀的小块；银耳用清水浸泡30分钟，去掉根部，撕成小朵待用；皂角米用温水浸泡5个小时左右，冲净沥干；百合、红枣稍浸泡，洗净待用。

❷ 将桃胶、银耳、皂角米、百合、红枣放入锅内，加适量清水，大火煮开后改小火煮1小时左右，直至黏稠。

❸ 加入冰糖煮至熔化即可关火出锅。

银耳浸泡的时间不要超过1小时，因为泡久了胶质容易流失，反而不容易煮黏稠。

╰ 煲汤更好喝 ╯

雪梨南北杏仁炖里脊

 滋阴养胃 定喘止咳

〰〰 2人份 ⏱ 2小时30分钟

原料

雪梨2个，猪里脊肉200克，蜜枣3颗，南北杏仁各10克，盐适量。

做法

❶ 南北杏仁用水浸泡1小时，洗去表面杂质。

❷ 猪里脊肉切成2厘米见方的小块。

❸ 将里脊肉过沸水氽至断生后捞出。

❹ 雪梨去皮，去核，切成大块。

❺ 取一汤锅，下入雪梨、里脊肉、蜜枣和泡好的南北杏仁，加入水约至九分满。

❻ 盖上盖子，大火煮沸后转小火，炖2小时，关火后加少量盐调味即可。

此汤主味清甜，所以盐不可多加，也不可早下，否则会破坏汤的味道。

╰ 煲汤更好喝 ╯

止咳化痰
清热润肺

枇杷银耳汤

〰〰 2人份　⏱ 1小时

原料

新鲜枇杷150克，水发银耳100克，枸杞、白糖各适量。

做法

❶ 将新鲜枇杷去皮、去核，清水洗净，切成小片待用；把水发银耳用温水泡半小时，去杂洗净，放入碗内加少量清水，上笼蒸到银耳黏滑至熟。

❷ 在煮锅中放入清水，大火煮沸，放入银耳烧沸，再放入枇杷片、枸杞、白糖烧沸后，装入大汤碗即可。

养生功效

• 枇杷和银耳的组合可以止咳化痰、清热润肺，对燥热伤肺有很好的缓解作用，适用于肺热引起的慢性支气管炎。

银耳汤炖至最后会很浓稠，为防煳底，炖的时候要注意时不时搅动一下。

⌒ 煲汤更好喝 ⌒

清热化痰
滋阴润肺

冰糖雪梨汤

〰〰 2人份　⏱ 20分钟

原料

雪梨1个，冰糖适量。

做法

❶ 雪梨洗净，去核，切块。

❷ 雪梨混合适量清水，用大火煮沸，加冰糖，转用小火煨煮10分钟即可。

养生功效

• 雪梨具有生津润燥、清热化痰、清心润肺的功效。
• 冰糖有润肺、化痰止咳的功效。
• 雪梨与冰糖同食，润肺止咳效果更佳。

加入适量川贝和陈皮可以更好地治疗咳嗽，这两种食材炖煮前要放在水里浸泡。

⌒ 滋补随心搭 ⌒

补肾强身

中医认为，肾是先天之本，有调节水液代谢的作用，摄入适量的咸味食物，能调节人体细胞，增强体力和食欲。传统中医认为补肾还得吃黑色食物，如黑豆、紫菜、黑木耳等，时常用这些食材煲汤，有助于补肾养元。

推荐食材: 白萝卜、山药、韭菜、虾、羊肉、干贝、蛤蜊、海参、鲍鱼、猪肉、枸杞。

胡萝卜牛尾汤

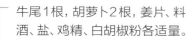

2 人份　🕐 3 小时

原料

牛尾1根，胡萝卜2根，姜片、料酒、盐、鸡精、白胡椒粉各适量。

养生功效

* 牛尾能补气养血、强筋骨、益肾养胃补虚，含有大量B族维生素、烟酸、叶酸，营养丰富，加上可益肝健脾明目、增强免疫力、降糖降脂的胡萝卜，也不失为男性日常养生的基础汤。

做法

① 牛尾洗净剁成大块，加料酒、姜片腌制30分钟。

② 将牛尾过沸水氽至断生后捞出。

③ 胡萝卜去皮，滚刀切大块。

④ 取一大汤煲，下入牛尾、姜片，加入水至八分满。

⑤ 盖上锅盖，大火煮沸后转小火，炖2小时。

⑥ 至汤色醇白时加盐，下入胡萝卜，再炖15分钟关火，加鸡精、白胡椒粉调味即可。

牛尾最好提前浸泡出血水，并用料酒、姜片腌制，以去除腥味；胡萝卜不宜久煮。

煲汤更好喝

滋阴养血
补肾强身

海带炖肉片

2人份　　1小时50分钟

原料

海带、猪瘦肉各100克，枸杞5克，黄豆50克，盐、料酒、清汤、生姜各适量。

做法

❶ 海带、黄豆分别泡发，洗净；枸杞洗净；猪瘦肉切片；生姜切片。

❷ 锅内煮沸水，放入海带焯一下。

❸ 另取炖盅1个，加入海带、猪瘦肉片、枸杞、黄豆、姜片，调入盐、料酒、清汤，炖90分钟即可。

养生功效

* 海带性寒，有化痰、清热、降压等功效。
* 猪瘦肉性平，有补虚、养血、润燥等功效。
* 枸杞性平，能益肝补肾、滋阴补气。

海带要反复清洗，直至泥沙洗净；炖煮的时间要把握好，以防海带炖得太烂。

煲汤更好喝

滋补肝肾
强筋壮骨

核桃杜仲炖猪腰

2人份　　1小时

原料

猪腰1个，核桃20克，杜仲1片，红枣20克，料酒和盐各适量。

做法

❶ 猪腰洗净，将其表层膜撕掉，去掉腰臊。

❷ 用刀呈30°角斜着切腰花，横切、竖切各几刀，将腰花倒入碗中，加料酒、盐抓匀。

❸ 锅中加水烧开，下腰花焯水，捞出洗净。

❹ 核桃、红枣、杜仲、腰花下入锅中，加清水，大火煮沸，撇去浮沫，加盐调味即可。

养生功效

* 猪腰有助元阳、补精血的作用，适合男士食用，与核桃、红枣同食，还有暖肾作用。

腰花嫩而不老的秘诀，在于猪腰切片不要太薄，水滚开后将腰花焯水，时间要短。

煲汤更好喝

虾仁海参汤

🍜🍜 2人份　⏱ 1小时

原料

鲜虾仁100克，水发海参200克，猪瘦肉50克，枸杞、姜片、盐、葱花各适量。

挑选海参应选购参体饱满，肉刺挺拔且表面没有其他损伤的，这样的海参才能煲出好汤。

〰 煲汤更好喝 〰

做法

① 将鲜虾仁挑去虾肠，洗净沥干，备用；海参、猪瘦肉洗净，切片。

② 瓦煲内加适量清水，先用大火煲至小沸。

③ 放枸杞、海参、猪瘦肉片和姜片，用中火煲30分钟左右，再放入鲜虾仁煲20分钟，加入盐调味，撒上葱花即可。

养生功效

• 海参是高蛋白、低脂肪的佳品，具有补肾益精、养血润燥的功效。

• 虾富含优质蛋白质，可养血固精、益气壮阳。

青菜肉圆汤

🍜🍜 2人份　⏱ 30分钟

原料

猪肉末150克，青菜1把，植物油、姜末、盐、鸡蛋液、干淀粉各适量。

肉圆本身含有一定量的油脂，所以植物油要少放，这样汤才不会太过油腻。

〰 煲汤更好喝 〰

做法

① 青菜择洗干净；肉末中加姜末、盐、鸡蛋液、干淀粉搅拌均匀，腌制入味。

② 锅中加水煮沸，把肉末挤成球形，放入沸水中，肉末全部挤完后，盖上盖子烧开。

③ 另起一锅，锅中放油，下入青菜煸炒片刻，再把烧好的肉圆连汤倒入锅中，再次烧开，加盐调味即可。

养生功效

• 猪肉富含丰富的蛋白质及钙、铁等营养成分，具有补虚强身，滋阴润燥的作用。

益气补血

中医认为，人体气、血、津液充足，才能身体健康、精神昂扬、肌肤红润。气虚的人应该常食用性平味甘的食物或甘温之物，以及营养丰富、容易消化的食物。血虚体质应该多吃含铁的食物。

推荐食材: 桂圆、红枣、莲子、枸杞、山药、薏米、牛奶、百合、人参等。

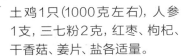

益气补血
补虚养身

三七人参汽锅鸡

🥄🥄 2人份 ⏱ 2小时

原料

土鸡1只(1000克左右)，人参1支，三七粉2克，红枣、枸杞、干香菇、姜片、盐各适量。

养生功效

* 三七可以止血散瘀、消肿定痛，对产后血晕，恶露不下有良效。加上补气养虚的人参和土鸡，此汤对产后体力及元气的恢复大有裨益。

做法

① 将人参、红枣、干香菇、枸杞等用清水泡发后捞出。

② 土鸡剁成小块，过沸水汆至断生后捞出。

③ 三七粉备用。

④ 将所有食材放入汽锅中。

⑤ 蒸锅注水，将汽锅置于蒸格上。

⑥ 盖上盖子，大火烧开后转小火，蒸2小时左右，关火后加少量盐调味即可。

汽锅鸡讲究的是原汁原味，烹饪时不要放水，完全用水蒸气汇集成汤汁。

煲汤更好喝

香菇土鸡汤

3人份 ⏲ 2小时

原料

土鸡1只，香菇6朵，红枣、生姜、小葱、盐各适量。

做法

❶ 香菇去蒂，洗净，切片；红枣浸软，去核；生姜切片；小葱切段。

❷ 土鸡洗净，斩块，放入锅中氽水，捞出，洗净血沫。

❸ 锅置火上，加适量水，大火烧沸，放入土鸡块、姜片、葱段，转小火煲1小时，再放入香菇、红枣，煲45分钟，最后加盐调味即可。

养生功效

• 鸡肉含有丰富的蛋白质，有补中益气的作用，与红枣、生姜搭配煮汤可益气、补血、养颜。

若怕鸡油太厚，可以在处理的时候把油脂去掉。

⌒ 煲汤更好喝 ⌒

鲫鱼豆腐汤

益气养血
健脾通乳

2人份 ⏲ 50分钟

原料

鲫鱼1条，豆腐200克，植物油、生姜、料酒、盐各适量。

做法

❶ 鲫鱼去鳞、内脏，洗净，切块；豆腐切薄片；生姜洗净，切片。

❷ 锅中倒油烧热，放入鲫鱼、姜片，小火煎至鲫鱼两面全熟，加入适量水和料酒，大火煮沸转小火煲30分钟，再放入豆腐煮熟，加盐调味即可。

养生功效

• 鲫鱼与豆腐搭配，具有益气养血、健脾宽中的功效，对产后恢复以及乳汁分泌有促进作用。

鱼下锅后不要急于翻动，小火慢煎至底面变黄，再翻面，可避免鱼肉粘锅。

⌒ 煲汤更好喝 ⌒

鱼头香菇豆腐汤

🍴 2人份 ⏱ 50分钟

原料

胖头鱼鱼头1个,豆腐100克,鲜香菇5朵,
葱花、姜片、盐、料酒各适量。

做法

❶ 鱼头拣杂,洗净,用开水氽一下; 香菇洗净,
划十字花刀; 豆腐切块。

❷ 将鱼头、香菇、葱花、姜片、料酒放入锅内,
加适量水,大火煮沸后撇去浮沫。

❸ 转小火炖至鱼头快熟时,放入豆腐块,继
续炖煮至豆腐熟,加盐调味即可。

养生功效

* 胖头鱼性温,有补虚弱、暖脾胃等功效。
* 豆腐性凉,能益气宽中、生津润燥。

前期可以将鱼头双面煎至酥黄,煲汤时建
议大火烹煮,这样汤品才会浓香。

〜 煲汤更好喝 〜

乌鸡白凤汤

🍴 2人份 ⏱ 1小时30分钟

原料

 乌鸡1只,白凤尾菇50克,料酒、葱段、姜片、
盐各适量。

做法

❶ 乌鸡去毛、内脏,洗净; 白凤尾菇洗净。

❷ 姜片放入锅中,加适量水煮沸,放入乌鸡,
加入料酒、葱段、姜片,转小火焖煮至酥软。

❸ 放入白凤尾菇,大火煮沸几分钟,加盐调
味即可。

养生功效

* 乌鸡可以益气补血、滋阴清热、调经活血,特
别是对产后妈妈的气虚、血虚、脾虚、肾虚等
有良好的功效,它能帮助产后新妈妈增乳补益。

白凤尾菇和平菇特性相近,营养价值相似,
如果购买不到白凤尾菇,可以用平菇代替。

〜 滋补随心搭 〜

补气补血
滋阴润燥

酒酿红糖饮

〜〜 2人份　⏱ 15分钟

原料

酒酿200克，鸡蛋1个，红糖20克，枸杞适量。

做法

① 锅中烧开水，倒入酒酿和枸杞煮5分钟。

② 鸡蛋磕破于碗中，打散倒入锅中煮开。

③ 煮好的酒酿离火，加入红糖。

④ 调匀趁热服用。

可以用艾叶煎水取汁后再煮酒酿鸡蛋，效果也不错。

◖ 煲汤更好喝 ◗

养生功效

• 酒酿红糖饮，是补气养血、补血行血、温经止痛之良方。生理期经常腹痛的女性，可以食用此汤，既可以缓解疼痛，又起到活血化瘀的效果。

益气补血
润肠通便

当归土鸡汤

〜〜 2人份　⏱ 3小时

原料

土鸡1只（1000克左右），姜片10克，当归、红枣各20克，枸杞15克，盐少许。

做法

① 土鸡宰杀，清理干净并剁成小块。

② 将鸡肉过沸水焯至断生后捞出。

③ 将鸡肉、姜片、红枣、枸杞、当归置于炖盅中，加入水至九分满，将炖盅隔水放入汤锅中。

④ 盖上盖，大火煮沸后转小火，炖2小时，最后加盐调味即可。

汤锅注水在盅壁三分之一处即可，以免沸腾后水进入炖盅里。

◖ 煲汤更好喝 ◗

养生功效

• 当归作为常见的中药之一，可补血活血以及润燥滑肠。

润肠通便

饮食喜油腻、三餐不规律、缺乏适当的运动……这些都会引起便秘，在生活中要注意不能吃得过于精细，适量吃"粗食"，平时也可以用这些食材合理搭配，做杂粮主食汤，肉汤中可放入适量的豆类及蔬菜，以促进消化。

推荐食材: 香蕉、红薯、南瓜、山药、番茄、金针菇、香菇、菠菜、排骨、猪瘦肉、无花果、陈皮等。

红枣山药南瓜汤

助消化
清火润燥

〰〰 2 人份 ⏱ 40 分钟

原料

 红枣15克，南瓜200克，山药300克。

养生功效

* 红枣、山药、南瓜都是补中益气、补脾养胃、清火润燥的食材。以这三者入汤，不仅可调养脾胃，也可和气血、补肾阴。

做法

① 红枣洗净。

② 南瓜去皮、去子，切大块。

③ 山药去皮切块。

④ 将除南瓜外所有食材倒入汤煲中，加入水约至九分满。

⑤ 盖上盖子，大火煮沸后转小火，炖20分钟。

⑥ 最后下入南瓜，再炖10分钟即可。

红枣和南瓜本身味甜，可以不用加糖，若喜欢甜食，可根据个人口味调节。

♡ 煲汤更好喝

**润肠通便
排毒美颜**

桂花紫薯羹

⌇⌇ 2人份 ⏱ 20分钟

原料

☐ 紫薯100克,干桂花3克,红糖5克。

做法

❶ 紫薯去皮,切块。

❷ 砂锅中注入适量的清水,放入紫薯块,大火煮沸。

❸ 小火慢炖15分钟,待紫薯熟软时,加入红糖调味。

❹ 在出锅前趁热撒上干桂花,增加香气和美感,即可盛出食用。

养生功效

• 桂花紫薯羹有润肠通便、排毒美颜、抗衰老的功效。

可以加入银耳一起煲汤,同样有助于润肠通便,且滋补效果更佳。

〔 滋补随心搭 〕

**通肠润燥
健胃消食**

金针菇黑木耳肉片汤

⌇⌇ 2人份 ⏱ 30分钟

原料

☐ 金针菇、黑木耳各5克,猪瘦肉50克,蛋清1个,菠菜1把,葱花、干淀粉、盐各适量。

做法

❶ 猪瘦肉切片,打入蛋清,放入干淀粉、盐,搅拌均匀;金针菇洗净;黑木耳泡发,切丝;菠菜放入沸水中焯一下,切段。

❷ 油锅烧热,放葱花煸炒,再放肉片煸炒至发白,放入黑木耳丝、金针菇、适量水,中火炖煮。

❸ 开锅后转小火炖煮5分钟,放入菠菜段,加盐调味即可。

养生功效

• 此汤含较多膳食纤维,能促进人体肠胃的蠕动。

可以把菠菜替换成别的绿叶蔬菜,会有不同的风味。

〔 滋补随心搭 〕

什锦水果羹

〰 2人份 ⏱ 20分钟

原料

苹果、草莓、白兰瓜、猕猴桃各50克。

做法

❶ 苹果、白兰瓜洗净,去皮、籽、核,切丁。

❷ 草莓去根、叶,洗净,从中间切开成两瓣; 猕猴桃剥去外皮,切块。

❸ 苹果丁、白兰瓜丁、猕猴桃块、草莓瓣一同 放入锅内,加适量水,大火煮沸。

❹ 转小火再煮10分钟即可。

养生功效

* 苹果和草莓性凉,有清暑解热、生津止渴的功效。
* 猕猴桃性寒,能清热、生津。
* 白兰瓜能解渴利尿、开胃健脾。

什锦水果羹可以根据个人喜好搭配,也可 挑选应季的新鲜水果搭配。

〜 滋补随心搭 〜

罗汉果瘦肉汤

〰 2人份 ⏱ 1小时20分钟

原料

罗汉果3个,猪瘦肉200克,玉米、胡萝卜 各1根,生姜、盐各适量。

做法

❶ 罗汉果洗净;猪瘦肉切块,用开水汆2分 钟,去血水,捞出洗净。

❷ 玉米洗净,切段;胡萝卜洗净,切块;生姜 洗净,切片。

❸ 罗汉果、猪瘦肉和姜片放入砂锅中,加入 适量清水,大火煮沸转小火煲1小时,接 着放入玉米和胡萝卜煮熟,加盐调味即可。

养生功效

* 罗汉果,具有润肠通便、补肾阳、益精血的功 效,可以用于改善肠道燥热、肺热咳嗽等症。

可以把猪瘦肉替换成莲藕,做成甜汤;罗 汉果莲藕汤同样有润肠消滞的作用。

〜 滋补随心搭 〜

蛤蜊菌菇丝瓜汤

🍜🍜 2人份　⏱ 40分钟

原料

蛤蜊100克，菌菇100克，丝瓜1根，植物油、葱花和盐各适量。

做法

❶ 蛤蜊浸泡使其吐净泥沙，下入锅中汆水；丝瓜去皮切滚刀状；菌菇洗净备用。

❷ 油锅七成热，加入葱花爆香，倒入蛤蜊翻炒几下，倒入清水，大火煮开后下入丝瓜块和菌菇。

❸ 转中小火慢炖5分钟，调入盐后搅拌几下，即可出锅。

养生功效

* 蛤蜊有清热利湿、化痰、散结的功效。
* 菌菇有益胃健脾、补虚、抗癌的功效。
* 丝瓜有清理痰火、润肠通便、泻火解毒的功效。

挑选丝瓜时，要挑选外皮细嫩有弹性的，这样的丝瓜较新鲜，煲出来的汤口感更好。

～ 煲汤更好喝 ～

胡萝卜香菇汤

🍜🍜 2人份　⏱ 20分钟

原料

胡萝卜100克，鲜香菇、西蓝花各30克，盐适量。

做法

❶ 胡萝卜去皮，切小块；鲜香菇洗净，去根，切片；西蓝花掰小块，洗净。

❷ 将胡萝卜块、香菇片、西蓝花块一同放入锅中，加适量水，大火煮沸后，转小火煮至胡萝卜熟。

❸ 出锅前加盐调味即可。

养生功效

* 香菇性平，有补气血、降血脂等功效。
* 胡萝卜性平，能健脾、补血。
* 西蓝花可利尿通便、补脾和胃。

胡萝卜、香菇可以和鸡汤一起炖煮，味道更加鲜香，同时可以提高人体的免疫力。

～ 滋补随心搭 ～

甜辣胡萝卜豌豆汤

〰〰 2人份 ⏱ 30分钟

原料

番茄1个，胡萝卜半根，豌豆50克，泰式甜辣酱、水淀粉、植物油各适量。

煲汤时可以将豌豆换成豆腐，同样具有润肠通便的作用。

～ 滋补随心搭 ～

做法

① 番茄、胡萝卜洗净切小块；豌豆泡洗干净。

② 锅内油七分热时，下入番茄块煸炒出汁。

③ 加入适量水，大火烧开，下入豌豆、胡萝卜块，转小火慢炖15分钟。

④ 调入1勺泰式甜辣酱，再用水淀粉勾薄芡即可出锅。

养生功效

• 胡萝卜和豌豆富含的膳食纤维具有润肠通便的功效；胡萝卜中含有的胡萝卜素还有助于保护视力。

胡萝卜南瓜番茄汤

〰〰 2人份 ⏱ 30分钟

原料

胡萝卜半根，南瓜100克，番茄1个，鸡汤、盐、胡椒粉各适量。

可以在汤里加点去了皮的苹果，这样汤品会更加丰富，膳食纤维含量更多。

～ 滋补随心搭 ～

做法

① 南瓜去皮、瓤，洗净，切块；胡萝卜、番茄分别洗净，切块。

② 鸡汤倒入砂锅中煮开，加入胡萝卜、南瓜、番茄，用大火煮开

③ 再转小火煮到南瓜软烂，加盐、胡椒粉调味即可。

养生功效

• 南瓜性温，味甘，有补中益气的作用，与富含维生素的胡萝卜、番茄搭配煮汤饮用，有促进肠胃蠕动、清肠排毒、减肥降脂的功效。

健脑益智

大脑运行需要充足的优质蛋白质，鱼虾类食材及豆类食材都是蛋白质的良好来源。豆类富含维生素E以及亚油酸，能促进婴幼儿神经发育；鱼虾类富含的不饱和脂肪酸和B族维生素，有助巩固记忆力。

推荐食材: 玉米、鱼头、核桃、鸡蛋、红枣、黑木耳、虾等。

健脑益智
增强免疫

玉米鱼头豆腐汤

〰〰〰 3人份 ⏱ 1小时30分钟

原料

鱼头1个，玉米2根，内酯豆腐1盒，姜片、料酒、植物油、盐、鸡精、白胡椒粉各适量。

养生功效

• 玉米富含膳食纤维，对肠道有益，同时也富含叶黄素和玉米黄质，有明目的功效，加上补钙、补蛋白质的鱼头和豆腐，是一道健脑益智的营养汤品。

做法

1. 鱼头去鳞去鳃，对剖两半，加姜片和料酒腌制10分钟。
2. 玉米切成3厘米左右长的段。
3. 炒锅入油，大火烧至八成热时，下入姜片煸香，转中火，下入鱼头，煎至两面焦黄。
4. 将煎好的鱼头转入汤锅中，下入玉米，加入约八分满的开水。
5. 加盖，大火煮沸后打去浮沫，转小火，煮50分钟。
6. 内酯豆腐切小块下入汤锅中，加盐，再煮10分钟关火，然后加鸡精、白胡椒粉调味即可。

鱼头用料酒腌制、过油煎过，汤去浮沫除杂质，煮出的汤才不腥，内酯豆腐不宜久煮。

〽 煲汤更好喝 〽

鲜虾豆腐蛋花汤

🥄🥄 2人份 ⏱ 45分钟

原料

基围虾150克,内酯豆腐100克,鸡蛋1个,葱花、植物油、姜末、盐、鸡精、白胡椒粉各适量。

做法

❶ 新鲜基围虾洗净,掐头,抽虾线,去虾壳,剥出虾仁。

❷ 内酯豆腐切成2厘米见方的块。

❸ 汤锅入油,烧至八成热,下姜末煸香,然后下入虾仁爆至颜色变红,加入半锅热水,下入豆腐和盐,搅拌均匀。

❹ 鸡蛋打散,汤锅煮至沸腾时下入蛋液,冲成蛋花,关火后加鸡精、白胡椒粉调味,再撒上葱花即可。

因虾肉已经爆熟,不宜久煮,最好加入的是热水,如果加冷水煮沸,虾肉会变老。

煲汤更好喝

胡萝卜黄瓜鸡蛋汤

🥄🥄 2人份 ⏱ 20分钟

原料

胡萝卜、黄瓜各1根,鸡蛋1个,香油、盐各适量。

做法

❶ 胡萝卜洗净,切丝;黄瓜洗净,切丝;鸡蛋打入碗中,搅匀。

❷ 胡萝卜和黄瓜放入汤锅中,加入适量清水,大火煮10分钟,放入蛋液,再次煮沸,加盐调味,最后淋上香油即可。

蛋液需沸腾时下锅,快速倒入然后迅速拨散,才能冲出漂亮的蛋花,蛋花浮起即关火。

煲汤更好喝

养生功效

• 鸡蛋富含蛋白质和卵磷脂,有补脑的功效。
• 胡萝卜富含胡萝卜素,可在人体内转化为维生素A,有补肝明目的作用。

排骨海带栗子汤

🍜 2人份　⏱ 1小时 20分钟

原料

排骨300克，海带150克，板栗50克，盐适量。

做法

① 板栗剥壳，用开水煮3分钟，捞起，去掉薄膜；海带洗净；排骨汆水。

② 砂锅中下入排骨、板栗、海带，注入大半锅清水。

③ 大火烧开后转小火慢炖1小时，调入盐，待盐入味，关火出锅。

养生功效

• 海带含有丰富的亚油酸、卵磷脂等营养成分，有健脑的功能。
• 板栗含有多种维生素及矿物质，健脾益气。

板栗煮熟并冷却以后，将其放入冰箱内冷冻2个小时，这样剥壳更容易。

╰ 煲汤更好喝 ╯

煎蛋白虾仁汤

🍜 2人份　⏱ 50分钟

原料

青虾100克，鸡蛋1个，小青菜2棵，娃娃菜1棵，小番茄50克，高汤500毫升，盐、植物油和料酒各适量。

做法

① 青虾去掉虾线，取虾仁，虾仁调入盐和料酒腌制30分钟；小青菜、娃娃菜洗净切段。

② 鸡蛋打散后入油锅，煎成鸡蛋皮，取出切小段备用。

③ 小番茄对半切开，倒入油锅中翻炒片刻，加入高汤煮沸。

④ 虾仁倒入锅中，加入娃娃菜段、青菜段煮3分钟后，调入盐。

⑤ 最后将鸡蛋皮倒入锅中即可。

刚买回来的青虾不好去壳，可以放入冰箱冷冻15分钟，这样剥起来就会比较简单。

╰ 煲汤更好喝 ╯

茭白胡萝卜炖牛腩

益肝养目
益智补脑

🍴🍴 2人份 ⏱ 2小时

原料

牛腩250克,胡萝卜1根,茭白1根,板栗仁50克,生姜、八角、香叶、盐各适量。

做法

① 牛腩切方块;胡萝卜切块;茭白切块;板栗仁对半切;生姜切片备用。

② 牛腩块汆水后冲洗干净,放入锅中加入姜片、八角、香叶并加入足量水。

③ 大火烧开后,转小火慢炖90分钟,再加胡萝卜块、茭白块、板栗仁。

④ 继续用小火煮20分钟后加盐调味。

煲汤时也可以适当添加一些陈皮,汤的口感会更丰富。

╭ 煲汤更好喝 ╮

养生功效

＊秋季食用胡萝卜,可润燥补气、益肝养目。
＊茭白蛋白质丰富,补虚健体,夏季食用尤为适宜。

肉丸粉丝口蘑汤

健脑益智
健脾补虚

🍴 1人份 ⏱ 40分钟

原料

猪肉丸150克,口蘑4个,粉丝30克,葱花、香油、盐各适量。

做法

① 口蘑洗净,切片状;粉丝用温水泡发变软。

② 砂锅中加入适量清水(高汤),下入猪肉丸与口蘑片。

③ 大火煮开转小火炖20分钟,下入粉丝。

④ 熟时调入盐,撒葱花,滴入几滴香油即可出锅。

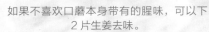

如果不喜欢口蘑本身带有的腥味,可以下2片生姜去味。

╭ 煲汤更好喝 ╮

养生功效

＊猪肉具有通乳生乳、补血益气、健脑、健脾、强筋、壮骨、通血的功效。
＊口蘑具有健脾补虚、宣肺止咳的功效。

PART4

四季滋补汤

春季

　　春为四季之首，万象更新，阳气生发。春季养生须根据春季之气生发舒畅的特点，调养体内的阳气，使之不断充沛旺盛。春季肝气运行，可以选择一些绿色蔬菜，同时搭配优质蛋白、维生素、矿物质含量高的食材来煲汤。

推荐食材: 春笋、荸荠、芹菜、菠菜、黄花鱼、豆腐、黑豆、牛肉等。

**预防流感
生津止渴**

甘蔗荸荠甜汤

～～ 2人份 ⏱ 1小时15分钟

原料

荸荠500克，甘蔗500克，冰糖适量。

养生功效

* 此汤味道清甜，可清热解毒、生津止渴、滋阴润燥，同时有助于预防春季流感。

做法

❶ 荸荠去蒂部，用刷子刷洗干净。

❷ 甘蔗去皮切成小段。

❸ 冰糖备用。

❹ 取一大汤煲，下入甘蔗、荸荠，倒入约大半锅水。

❺ 盖上锅盖，大火煮沸后转小火，炖1小时即可。

❻ 关火前10分钟开盖尝一下甜度，根据个人口味加入适量冰糖搅拌至熔化即可。

此汤天然清甜，不用加太多冰糖，荸荠的外皮有清热散寒的功效，连皮煮更好。

⌒ 煲汤更好喝 ♪

翡翠豆腐羹

益气补血
生津止渴

🍜 2 人份 ⏱ 40分钟

原料

猪瘦肉丁40克，小白菜、豆腐各50克，鸡汤、葱花、盐、水淀粉各适量。

做法

❶ 小白菜洗净，剁碎；豆腐切丁，用开水焯一下捞出。

❷ 油锅烧热，下葱花煸炒，放入猪瘦肉丁略炒，倒入剁碎的小白菜，加豆腐丁、鸡汤煮沸。

❸ 加盐调味，用水淀粉勾芡，待汤汁黏稠时出锅即可。

养生功效

＊豆腐性凉，有益气宽中、生津润燥、和脾胃、清热解毒等功效，配上适量蔬菜，是春季药食的佳品。

准备食材的时候可以加1小块火腿，最后切成末撒到汤品上。
⌒ 滋补随心搭 ⌒

芹菜竹笋汤

清热通肠
健胃消食

🍜 2 人份 ⏱ 40分钟

原料

芹菜100克，竹笋100克，猪肉丝、盐、酱油、干淀粉、高汤、料酒各适量。

做法

❶ 芹菜洗净，切段；竹笋洗净，切丝；肉丝用盐、干淀粉、酱油腌制5分钟。

❷ 高汤倒入锅中，大火煮沸后，放入芹菜段、竹笋丝，煮至芹菜软化，再加入猪肉丝。

❸ 待汤再次煮沸，加入料酒，至肉熟透加盐调味即可。

养生功效

＊芹菜性凉，有清热、平肝、利水、健胃、降压、降脂等功效。

＊竹笋性微寒，有清热、消痰、利水等功效。

在放入芹菜软化之前，可以加入金针菇让汤品升级，食材更加丰富。
⌒ 滋补随心搭 ⌒

黄花鱼豆腐汤

✓✓ 2人份 🕐 1小时

原料

黄花鱼500克，豆腐1块，植物油、生姜、香菜、葱花、盐各适量。

做法

❶ 黄花鱼剖好，洗净；豆腐切成方块；生姜切片；香菜切末。

❷ 锅中倒油烧热，放入黄花鱼和姜片，略煎3分钟，再加适量水。

❸ 大火烧开后，倒入切好的豆腐块，加适量盐，大火煮沸转小火慢炖15~20分钟。

❹ 出锅前，撒上葱花、香菜末即可。

养生功效

＊每年三、四月是黄花鱼最鲜嫩的时期，鱼肉和豆腐都含有优质蛋白，具有健脾开胃的功效。

黄花鱼用大火略煎后鱼肉细嫩，汤味鲜美。用来煲汤，滋味恰到好处。

❀ 煲汤更好喝 ❀

黑豆牛肉汤

✓✓ 2人份 🕐 2小时30分钟

原料

黑豆150克，牛肉500克，生姜、盐各适量。

做法

❶ 牛肉切块，用开水氽3分钟；黑豆提前用温水浸泡2小时；生姜切片。

❷ 上述食材放入砂锅中，加入适量清水，大火煮沸转小火煲2小时，加盐调味。

养生功效

＊牛肉和黑豆都含有比较丰富的蛋白质和铁元素，而且营养优势互补，有助于改善贫血症状。在春季食用黑豆可祛风除热、缓解尿频、腰酸等症状。

在炖煮黑豆牛肉汤的时候，要沥去浮在汤上的泡沫，避免影响汤的口感。

❀ 煲汤更好喝 ❀

春笋酸菜腊肉汤

🍜🍜 2人份　⏱ 1小时30分钟

原料

春笋1个，腊肉150克，酸菜200克，生姜、盐各适量。

做法

❶ 春笋去皮，从中间切开，放入锅中用大火煮10分钟，捞出切成斜块；腊肉洗净，切片；酸菜洗净，切段；生姜洗净，切片。

❷ 春笋、腊肉、酸菜和姜片放入砂锅中，加入适量清水，大火煮沸转小火煲1小时，加盐调味即可。

养生功效

＊春笋味道清淡鲜嫩，营养丰富。春季常食有帮助消化、防治便秘的功能。

腊肉和酸菜都有自然的咸香滋味，这种味道会丰富口感相对平淡的笋，不用添太多调料。

〇 煲汤更好喝 〇

山药腐竹猪肚汤

🍜🍜 2人份　⏱ 2小时30分钟

原料

猪肚1副，山药1根，腐竹4根，生姜、盐各适量。

做法

❶ 提前30分钟用温水泡发腐竹；山药去皮，洗净，切片；生姜洗净，切片。

❷ 用盐揉搓猪肚，除去黏液，冲洗干净，切丝，用开水氽3分钟，去血水，捞出洗净。

❸ 猪肚和姜片放入砂锅中，加入适量清水，大火煮沸转小火煲2小时，再放入山药和腐竹煮熟，加盐调味即可。

养生功效

＊山药有清热败火、生津止渴、化痰利肠、凉血化湿、通淋利尿的功效，适合肝火过旺的人在春季食用。

把猪肚切成丝，和酸萝卜搭配着煲汤也是不错的选择。

〇 滋补随心搭 〇

夏季

夏季人体阳气外浮，很容易出现"外热内寒"的状况，此时，不适合吃太过寒凉的食物，以免损伤脾胃，引起腹泻，在饮食上应该选择清热生津的食材。

推荐食材: 绿豆、荷叶、丝瓜、乌梅、香菇、莲子、土豆、番茄、冬瓜、菱角、茭白等。

解暑消渴
除烦安神

桂花酸梅汤

2人份　⏱ 1小时

原料

干桂花15克，乌梅20克，红枣2颗，
甘草、山楂、冰糖各适量。

养生功效

＊酸梅汤具有消食和中、行气散瘀、生津止渴、收敛肺气、除烦安神之功效，是夏季不可多得的解暑品。

做法

① 红枣去核，切片，与甘草、山楂、乌梅、冰糖置于盘中备用。

② 将所有原料倒入汤煲中，加入水约至八分满。

③ 盖上盖子，大火煮沸。

④ 沸腾后转小火，开盖搅拌一下，至冰糖完全熔化，再盖上盖子，煮30分钟关火。

⑤ 将汤汁过滤一遍，滤出所有汤料。

⑥ 最后在表面撒上干桂花即可，放入冰箱冷藏过后饮用口感更佳。

甘草多了味会苦，所以不可多放。乌梅、红枣和山楂应该放得比甘草多。

ᘐ 煲汤更好喝

丝瓜炖豆腐汤

 生津润燥 通乳消瘀

～～ 2人份 ⏱ 30分钟

原料

豆腐50克，丝瓜100克，高汤、盐、葱花、香油、植物油各适量。

做法

❶ 豆腐洗净，切块；丝瓜洗净，切滚刀块。

❷ 豆腐块用开水焯一下，冷水浸凉，捞出，沥干水分。

❸ 油锅烧热，下入丝瓜块煸炒至软，加入高汤、盐、葱花，煮沸后放入豆腐块，小火炖10分钟，见豆腐鼓起时，转大火炖煮，出锅前淋上香油即可。

养生功效

＊丝瓜与豆腐同食是夏季解暑的佳品，丝瓜性凉，有清热、凉血、化痰等功效。

丝瓜应该挑选颜色翠绿的，这样的丝瓜比较嫩，煲汤效果更好。

〜 煲汤更好喝 〜

茭白香菇汤

 利尿消肿 清湿热

～～ 2人份 ⏱ 50分钟

原料

茭白、香菇各150克，植物油、葱段、生姜、料酒、鸡汤、盐各适量。

做法

❶ 茭白、香菇分别洗净，切片，茭白放入开水中焯烫；生姜切片。

❷ 油锅烧至六七成热，放入姜片、香菇片煸炒片刻，倒入鸡汤、料酒，大火烧开后，放入茭白片、葱段，开锅后加盐调味即可。

养生功效

＊香菇清香鲜美，做成菜肴能增进食欲，它富含多种营养成分，可以降低血脂。

＊茭白香菇汤不仅能祛湿消暑，还能通乳。

挑选茭白时，要选饱满光洁的，摸上去硬朗有弹性的为佳。

〜 煲汤更好喝 〜

冬瓜煲火腿汤

清热去火
除痰止渴

〰 2人份　⏱ 40分钟

原料

冬瓜250克，冬菇100克，火腿50克，料酒、葱花、姜片、盐各适量。

做法

❶ 冬瓜去皮切片；火腿切片；冬菇泡发切片。

❷ 将上述食材加入砂锅中，加入料酒、葱花、姜片，大火煮沸后转小火慢煲。

❸ 待冬瓜熟烂，加盐调味即可。

火腿本身有咸味，是否在汤里加盐最好尝一下汤以后再决定。

◟ 煲汤更好喝 ◞

养生功效

＊冬瓜性寒，瓜肉及瓤有利尿、清热、化痰、解渴等功效，亦可缓解水肿、暑热，冬瓜带皮煮汤喝，可达到消肿利尿，清热解暑作用。

菱角番茄平菇汤

清热祛湿
促进消化

〰 2人份　⏱ 40分钟

原料

菱角5个，番茄1个，平菇50克，盐适量。

做法

❶ 菱角煮熟，去壳取仁，切块；番茄洗净，切碎；平菇洗净，切条。

❷ 上述食材放入砂锅中，加入适量清水，大火煮沸转小火煲30分钟，加盐调味即可。

可以在汤中适量加点肉片，让酸甜的番茄汤变得更加浓香，饱腹感也会更好。

◟ 滋补随心搭 ◞

养生功效

＊菱角是水生植物菱的果实，性寒、味甘涩，有健脾利湿、解内热的功效。

＊番茄中的苹果酸和柠檬酸能增加胃液的酸度，调整胃肠功能。

菊花脑蛋花虾皮汤

清热凉血
调中开胃

🍜🍜 2人份　⏱ 30分钟

原料

菊花脑250克,虾皮25克,鸡蛋1个,盐、香油各适量。

做法

❶ 菊花脑摘其嫩头,洗净;鸡蛋打散成蛋液。

❷ 虾皮用冷水浸泡后洗净,放入砂锅,加水煮沸10分钟。

❸ 加菊花脑和蛋液,煮沸后加盐、香油调味即可。

养生功效

＊菊花脑性苦、辛、凉,有清热凉血、调中开胃和降血压的功效。

煲汤时可以将菊花脑换成海带,海带含碘量高,有助于改善甲状腺功能。

⌒ 滋补随心搭 ⌒

冬瓜虾米汤

滋阴润燥
利水消肿

🍜🍜 2人份　⏱ 20分钟

原料

冬瓜50克,黑木耳、虾米各10克,鸡蛋1个,香菜、葱花、香油、盐和植物油各适量。

做法

❶ 冬瓜去皮、瓤,切片;虾米泡发;鸡蛋打散;黑木耳泡发,撕成朵状。

❷ 油锅烧热,加入葱花爆香,倒入冬瓜片、虾米略炒,再加入适量水、黑木耳,大火煮沸,加盐调味。

❸ 最后倒入打散的鸡蛋液煮至熟,撒上香菜段,淋上香油即可。

养生功效

＊冬瓜有清热、利水、消痰、解毒等功效。
＊黑木耳能滋养脾胃、补气强身。

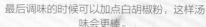

最后调味的时候可以加点白胡椒粉,这样汤味会更棒。

⌒ 煲汤更好喝 ⌒

秋季

秋季人体的阳气渐收、阴气渐长，养生应注意保养内存的阳气。饮食上宜遵从"艰辛增酸"的原则，适合多进食富含水分、润秋燥、滋养肺的食物。同时，秋季煲汤可以选择白色食物，白色主肺，以清补平补为主。

推荐食材：莲藕、板栗、花生、牛肉、海带、鸭肉、鸡肉等。

筒骨莲藕汤

强筋健骨
润燥安神

〆〆 2人份 🕐 5小时

原料

猪大骨1根，莲藕2节，姜片、料酒、盐、鸡精、白胡椒粉、葱花各适量。

养生功效

* 筒骨莲藕汤有丰富的骨胶原等多种营养成分，可补心益肾、强壮筋骨、润燥安神，是秋季滋补的上选。

做法

❶ 猪大骨清洗干净后，剁成大块，用清水浸泡2小时以上，以析出血水。

❷ 取大砂锅，倒入大半锅水，然后将泡好的大骨捞出，下入锅中，开大火煮至沸腾，用滤网打去浮沫。

❸ 姜片入锅，加入料酒，盖上锅盖，最小火炖4小时。

❹ 莲藕去皮洗净，滚刀切成大块，砂锅转大火下入莲藕，煮至再次沸腾时转小火焖30分钟。

❺ 煮至莲藕粉烂，用筷子可以轻易插入时就炖好了。

❻ 关火前15分钟加盐，起锅时加少量鸡精、白胡椒粉调味即可，装碗时表面撒上少量葱花。

猪大骨要挑选带肉多、骨粗油厚的，适合煨汤的是淀粉质含量更高、甜度更高的莲藕。

⌒煲汤更好喝⌒

虫草花排骨莲藕汤

ノノノ 3人份 ⏱ 2小时

原料

排骨500克，莲藕300克，虫草花3克，生姜、盐各适量。

做法

❶ 排骨洗净汆水；莲藕去皮，切小块；虫草花洗净，浸泡30分钟；生姜切片。

❷ 另起锅，倒入排骨、莲藕块、虫草花、姜片，并注入大半锅清水。

❸ 大火煮开后转小火慢炖90分钟，调入盐，待排骨和莲藕都热透，即可出锅。

养生功效

* 莲藕是秋令美味蔬菜，熟食可健脾开胃。
* 排骨具有滋阴润燥、益精补血的功效。
* 虫草花能增强体力、提高大脑记忆力。

浸泡干虫草花的水营养丰富，可以过滤一下渣滓一起加入汤锅中。

〰 煲汤更好喝 〰

小吊梨汤

ノノ 2人份 ⏱ 50分钟

原料

雪梨1个，红枣5颗，干银耳10克，冰糖5克，枸杞3克。

做法

❶ 银耳温水泡发后撕成小朵；雪梨、红枣洗净后切块。

❷ 砂锅中加足量水，下入银耳、红枣块、雪梨块，大火煮开，转小火慢炖30分钟，下入枸杞。

❸ 根据个人口感加入冰糖，慢炖10分钟后出锅。

养生功效

* 雪梨有生津润燥、清热化痰的功效，适合秋季食用。

煮梨汤最好选用雪梨，带皮切块煮，银耳富含胶质，炖出来的汤汁较黏稠。

〰 煲汤更好喝 〰

萝卜煲鸭汤

3人份　🕐 1小时30分钟

原料

老鸭半只，白萝卜1根，小葱、生姜、枸杞、料酒、盐各适量。

做法

① 将老鸭宰杀洗净，放入沸水锅中，加料酒氽过待用；小葱切段；生姜切片；枸杞洗净。

② 白萝卜去皮，切滚刀块。

③ 砂锅中加足量水，放入老鸭、葱段、姜片和枸杞，大火烧开，撇去表层的浮沫，用中火煲约90分钟。

养生功效

* 鸭肉有滋补、养胃、补肾、消水肿、止热痢、止咳化痰等作用，配上益气补血的白萝卜，特别适合秋天滋补。

1年以上的鸭子可称为老鸭，新鲜质优的老鸭体表光滑，呈乳白色，切开后呈玫瑰色。

╰ 煲汤更好喝 ╯

沙葛花生猪骨汤

3人份　🕐 2小时

原料

猪骨300克，沙葛100克，花生20克，盐适量。

做法

① 猪骨洗净剁块，下入锅中氽水，撇去浮沫，取出备用；花生放入清水中浸泡半小时；沙葛削皮切块。

② 砂锅中下入猪骨、花生，注入足量清水。

③ 大火煮沸后加入沙葛块，转小火慢炖90分钟，加盐调味，煮至骨头软烂即可。

养生功效

* 此汤清热祛湿，健脾开胃，是夏季的常备靓汤。

煲汤时可以将沙葛换成木瓜，具有清热润燥和美容的功效，同样适合夏天食用。

╰ 滋补随心搭 ╯

补气补血
美容养颜

红枣桂圆花生煲鸡爪

〰〰 2人份 ⏱ 1小时30分钟

原料

鸡爪6只，红枣10颗，桂圆10克，花生5克，料酒、盐各适量。

做法

❶ 花生提前泡发2小时以上；桂圆剥壳洗净；红枣洗净。

❷ 鸡爪剪去爪尖，洗净，剁块，下入沸水中汆烫，撇去浮沫，捞出冲洗干净。

❸ 把鸡爪、花生、红枣、桂圆一起放入锅中，放足量冷水，倒入少许料酒。

❹ 大火煮开转小火慢煲，煮至红枣微微裂口，鸡爪酥软、皮肉分离，调入盐。

养生功效

＊鸡爪含丰富的胶原蛋白，红枣和桂圆炖汤补气血又暖身。

选用红衣花生的补血效果更好，这道汤非常适合女性在秋冬季节食用。

〜 煲汤更好喝 〜

和胃补脾
滋养调气

花生栗子火腿汤

〰〰 2人份 ⏱ 30分钟

原料

花生50克，板栗100克，火腿80克，盐适量。

做法

❶ 板栗洗净，去壳；花生洗净，煮熟；火腿切丁。

❷ 锅置火上，加适量水，放入上述食材，大火煮沸，10分钟后加盐调味即可。

养生功效

• 板栗性温，味甘，归脾、胃经，有养胃健脾、补肾强筋、活血止血的作用。

• 花生有滋血通乳的功效，搭配火腿，适合气血两亏的人食用。

花生可以换成核桃，在保证滋补效果的同时，还有不一样的味道。

〜 滋补随心搭 〜

冬季

冬季是万物闭藏的季节，人体阳气主要潜藏在内部。冬季滋补肾脏才能适应严冬季节的气候变化，维持正常的新陈代谢，因此冬季煲汤可以选用黑色食材。

推荐食材：红枣、白萝卜、山药、豆腐、蘑菇、黑木耳、冬笋、海带、羊肉、牛肉、鸡肉、人参、枸杞等。

暖身和胃
补益中气

滋补羊肉汤

〃〃〃 3人份 ⏱ 2小时

原料

羊腿骨1000克，红枣、党参、干淮山、枸杞、橙皮、生姜、料酒、盐、鸡精、白胡椒粉各适量。

养生功效

＊羊肉性温，可补元气，治虚寒，益气血，最适宜冬季食用。

＊红枣补血益气，山药补脾养胃，枸杞明目养肝，橙皮可去油腻和膻味儿，党参益肺。

做法

❶ 羊腿骨剁成大块，放清水中4小时以上，浸泡出血水。

❷ 将羊腿骨过沸水汆烫至断生后捞出。

❸ 红枣、干淮山、党参、枸杞、橙皮、生姜等洗净备用。

❹ 取一个直身汤煲，下入羊腿骨、生姜和料酒。

❺ 再加入各种已洗净的滋补食材。

❻ 盖上锅盖，大火煮沸后转小火，炖2小时，最后15分钟加盐，关火后加鸡精、白胡椒粉调味即可。

羊腿骨最好提前浸泡出血水，可以节省时间，煮汤时加料酒、生姜以去除腥味。

〜 煲汤更好喝 〜

白萝卜牛腩煲

🥄🥄 2人份　🕐 1小时30分钟

原料

牛腩500克,白萝卜200克,豆瓣酱20克,葱段、生抽、黄酒、盐和植物油各适量。

做法

❶ 牛腩洗净切小块; 白萝卜洗净, 去皮切块。

❷ 牛腩块和凉水一起放入锅中, 大火烧开, 撇去浮沫, 约2分钟后捞出来。

❸ 待锅中油七成热时, 倒入葱段爆香, 放入汆好的牛腩块, 加入豆瓣酱、黄酒、生抽煸炒十几秒。

❹ 另起砂锅, 注入半锅清水, 倒入炒好的牛腩块, 大火烧汤至沸腾后下白萝卜块, 转中小火慢炖70分钟, 调入盐即可。

挑选牛腩的时候要找层次好的, 一层筋一层肉、中间还有些肥的, 这种适合煲汤。

煲汤更好喝

养生功效

＊在冬天吃白萝卜牛腩煲能够帮助人体驱寒保暖, 提高免疫力。

红白双料排骨汤

🥄🥄 2人份　🕐 1小时

原料

排骨1000克, 胡萝卜2根, 山药1根(淮山药更好), 枸杞、姜片、小葱、盐各适量。

做法

❶ 排骨汆水洗净; 胡萝卜、山药洗净, 去皮, 切块; 小葱切成段。

❷ 拿刀背敲击猪大骨, 将骨头敲松, 敲好的猪大骨放入锅中, 加入开水、葱段、姜片和枸杞, 大火烧开后, 转小火炖约40分钟。

❸ 加入胡萝卜块, 继续用小火炖煮, 5~6分钟后加入山药块, 继续炖煮, 煮开后, 加入盐调味即可。

拿刀背敲击猪骨是为了将骨头敲松, 这样煲汤更容易将精华炖煮出来。

煲汤更好喝

养生功效

＊排骨具有补中益气、养血健骨的功效, 和山药同煮, 适合在冬天食用, 滋补效果更佳。

麦芽鸡汤

〜〜 2人份 ⏱ 2小时

原料

鸡肉100克,生麦芽、炒麦芽各20克,鲜汤、盐、葱花、姜片各适量。

做法

❶ 鸡肉切块;生麦芽、炒麦芽用纱布包好。

❷ 油锅烧热,放入葱花、姜片、鸡块煸炒。

❸ 放入鲜汤、麦芽包,小火炖1~2小时,加盐即可。

养生功效

＊鸡肉性温,能益五脏、补虚损、健脾胃、强筋骨。

＊麦芽性微温,能消食、和中、下气。

纯正的滋补鸡汤就是把鸡汤和红枣、枸杞、干桂圆这样的药材放在一起炖煮。

〜 滋补随心搭 〜

益气补血
健脾暖胃

红豆陈皮红薯汤

〜〜 2人份 ⏱ 1小时 20分钟

原料

红薯150克,红豆50克,陈皮3克,红糖适量。

做法

❶ 红豆淘洗干净,加水浸泡过夜;红薯削皮洗净,切滚刀块备用。

❷ 陈皮洗净和浸泡过的红豆一起加入锅中。

❸ 放入足量清水,大火煮开后转小火煮45分钟左右,再加入切好的红薯块,继续煮约15分钟,调入红糖,煮至红豆、红薯全熟即可。

养生功效

＊此汤具有益气补血、健脾暖胃、消脂养颜等功效,非常适合冬天食用。

可将红薯换成山药,有清热解毒的功效。

〜 滋补随心搭 〜

暖中益气
健胃消食

萝卜炖牛筋

🍴 2 人份　⏱ 1 小时 30 分钟

原料

牛筋、白萝卜各100克，姜末、酒酿、盐、植物油各适量。

做法

❶ 牛筋入沸水中煮1小时，捞出，洗净，切小块；白萝卜去皮，洗净，切块。

❷ 油锅爆香姜末，放入牛筋块、酒酿炒1分钟。

❸ 将牛筋、酒酿倒入砂锅中，加适量水，放入白萝卜块，大火煮沸后转小火煮30分钟，待白萝卜软烂，加盐调味即可。

养生功效

＊白萝卜性凉，有健胃、消食、化痰、止咳、清热等功效。

＊牛筋性温，有益气补虚，温中暖中等功效。

牛筋不容易酥烂，最好准备食材前先炖，用高压锅炖熟，节省时间。

〜 煲汤更好喝 〜

驱寒暖胃
强身壮骨

酸菜排骨汤

🍴 2 人份　⏱ 2 小时 15 分钟

原料

排骨500克，酸菜200克，五花肉、冻豆腐各100克，生姜、香菜、料酒、胡椒粉、盐各适量。

做法

❶ 排骨切块，用开水汆5分钟，去血水，捞出洗净；五花肉洗净，切片；酸菜洗净，切丝；冻豆腐切块。

❷ 生姜洗净，切片；香菜洗净，切段。

❸ 一半酸菜丝和姜片放在砂锅底部，再依次放入排骨和剩下的酸菜丝，接着铺上五花肉和冻豆腐，加入适量清水和料酒，大火煮沸转小火煲2小时，最后放入香菜、胡椒粉和盐即可。

煲排骨汤时放点醋可以使骨头中的铁、磷等矿物质溶解出来。

〜 煲汤更好喝 〜

暖补牛肉汤

补气益肾
养血益血

🍴 2人份　⏱ 2小时30分钟

原料

☐ 牛肉300克，黑豆10克，盐适量。

做法

❶ 黑豆洗净；牛肉切块，用开水余5分钟，捞出，洗去血沫。

❷ 黑豆和牛肉放入砂锅中，加入适量水，大火煮沸转小火煲2小时，加盐调味即可。

煮汤时宜在首次加水时一次加足，中途最好不要再加水。

🥣 煲汤更好喝 🥣

养生功效

* 黑豆可收敛精气，常用于养血益肝、固精益肾，与牛肉一起煮汤饮用，适合因脾肾不足而出现脱发、白发的人，滋补效果好，适合冬天食用。

冬笋雪菜黄鱼汤

开胃消食
补气安神

🍴 2人份　⏱ 40分钟

原料

☐ 冬笋50克，雪菜30克，黄鱼1条，葱段、姜片、盐、料酒和植物油各适量。

做法

❶ 黄鱼去鳞、内脏，洗净后沥水，用料酒腌制20分钟。

❷ 冬笋泡发，切片；雪菜洗净，切碎。

❸ 油锅烧热，放入黄鱼，两面各煎片刻后加适量水，放入冬笋片、雪菜末、葱段、姜片，大火煮沸后转中火煮15分钟，加盐调味。

可以把冬笋替换成豆腐，味道更鲜，而且豆腐中富含钙，对人体有很好的滋补功效。

🥣 煲汤更好喝 🥣

养生功效

* 黄鱼性平，能健脾益气，开胃消食。
* 冬笋性微寒，能滋阴凉血、和中润肠、解渴除烦。
* 雪菜性温，能开胃消食，温中利气。

PART 5

好汤
"煲"养全家

儿童

儿童的膳食摄入标准要做到粗细搭配，荤素搭配，以保证生长发育正常。煲汤时不仅要选择鱼禽蛋奶类的食物，也应选择富含碳水化合物和维生素的蔬菜，滋味丰富的汤品更能吸引儿童饮用。

推荐食材：鳕鱼、鱼丸、排骨、牛肉、虾仁、番茄、土豆、南瓜、香菇、白菜、紫菜、海带、无花果等。

番茄鳕鱼浓汤

酸甜开胃
增强体质

🍲 2人份 🕐 30分钟

原料

番茄2个，鳕鱼200克，番茄酱30克，蛋清、盐、干淀粉、白胡椒粉、柠檬汁、黄油各适量。

养生功效

* 番茄富含维生素C，酸酸甜甜，是开胃的佳品。
* 鳕鱼富含蛋白质、维生素A、维生素D、钙、镁、锌等元素，有益于儿童的生长发育。

做法

❶ 整番茄用开水烫1分钟，然后剥去外皮，切成小块。

❷ 将番茄倒入料理机中，加入50克水，搅打成糊状。

❸ 鳕鱼去皮切成小块，置于碗中，加入蛋清、干淀粉、柠檬汁、小半勺盐和少许白胡椒粉，拌匀腌制5分钟。

❹ 汤锅注水煮沸，下入鱼肉扒散，至鱼肉变白即捞出。

❺ 煎锅中火加热，放入黄油加热至熔化，然后倒入搅打好的番茄糊，加入盐和番茄酱。

❻ 转小火炖煮至汤汁浓稠，再下入汆过水的鱼肉，翻炒均匀，至汤汁均匀包裹在鱼肉上即可。

番茄要去皮，煮出来的浓汤会更均匀漂亮，
没有柠檬汁的情况下可用白醋代替。

煲汤更好喝

虾丸萝卜丝汤

健脑益智
补钙壮骨

〰〰〰 3人份 ⏱ 50分钟

原料

青虾500克，白萝卜丝50克，鸡蛋1个，姜汁、盐、干淀粉、料酒、葱花各适量。

做法

❶ 青虾去掉头部、尾部、虾皮，并切开虾的背部去掉虾线，用刀背剁成虾肉糜。

❷ 鸡蛋取蛋清，在虾肉中加入蛋清、料酒、盐后用力搅拌，至虾肉糜带上劲，加入干淀粉和少许姜汁，用力搅拌至均匀。

❸ 锅中水烧开后，转小火，用手取适量虾糜，从虎口处挤出，拿汤匙刮入锅中，煮至虾丸变色浮起捞出，凉水浸泡5分钟。

❹ 锅中烧开水，将白萝卜丝煮沸，加入虾丸，小火慢炖15分钟，加少许盐和葱花即可。

虾丸可以挤稍小一点，煮后更入味，也更适合给小一点的儿童吃。

〜 煲汤更好喝 〜

小白菜鱼丸汤

健脑益智
补钙佳品

〰〰 2人份 ⏱ 30分钟

原料

鱼丸100克，小白菜2棵，姜丝、胡萝卜丁、海带丝、高汤、盐、香油各适量。

做法

❶ 小白菜洗净，切成段备用。

❷ 锅烧热，下姜丝炒香，放入胡萝卜丁、海带丝翻炒均匀。

❸ 锅中倒入高汤，烧开后，放入鱼丸、小白菜段，再次烧开后，加少许盐调味即可。

养生功效

* 小白菜含钙高，是防治儿童缺钙、铁的理想蔬菜。
* 鱼丸的钙含量丰富，有健脑益智的功效。

小白菜炒过后再煲汤会比较香，鱼丸可以提前拿出来化冻，可以节省煲汤的时间。

〜 煲汤更好喝 〜

芋头南瓜煲

健脑益智 提高免疫力

〰〰 2 人份 ⏱ 30 分钟

原料

芋头 50 克,南瓜 50 克,植物油适量。

做法

❶ 芋头、南瓜削皮后,切大小适中的菱形块。

❷ 油锅烧热,倒入芋头和南瓜,小火翻炒 1 分钟左右。

❸ 锅中倒入半碗清水,水滚后转小火继续煮 20 分钟,至芋头和南瓜软烂即可。

煲汤时可以将清水换成鸡汤,能有效提高孩子的免疫力。

◖ 煲汤更好喝 ◗

养生功效

* 芋头中的硒含量较高,有利于提高免疫力。
* 南瓜中的胡萝卜素和可溶性膳食纤维可提高儿童抵抗力,防治便秘。

奶油嫩南瓜浓汤

提高免疫力 健脾养胃

〰〰 2 人份 ⏱ 30 分钟

原料

嫩南瓜 300 克,奶油 80 克,盐、黄油各适量。

做法

❶ 嫩南瓜洗净,去皮去籽,切小块,在水中煮熟,捞出,捣成泥。

❷ 锅中放入黄油,黄油熔化后放入嫩南瓜泥拌炒,加入适量水、奶油,继续搅动,最后加盐调味。

根据孩子的口味可以适量地添加一些牛奶,不仅奶味飘香,而且还补钙。

◖ 煲汤更好喝 ◗

养生功效

* 南瓜富含胡萝卜素,可以提高儿童的免疫力,而且丰富的锌还能促进孩子生长发育。

酸菜豆腐蛏子炖肉

健脾开胃
健身暖胃

🥄🥄 2 人份 ⏱ 30 分钟

原料

五花肉50克,北豆腐200克,蛏子100克,酸菜50克,蒜苗段、姜片、葱花、盐、白糖、植物油各适量。

做法

❶ 五花肉洗净,切片;北豆腐洗净,切条;酸菜洗净,沥干水分后,切成段;蛏子洗净,沸水汆烫,沥干备用。

❷ 锅烧热,倒入北豆腐条,两面煎黄,盛出备用。

❸ 另起油锅,爆香姜片、葱花,加入五花肉翻炒出香味,加入水、酸菜段、盐、白糖,炖煮15分钟,加入蒜苗段、北豆腐条、蛏子,略煮即可。

给孩子喝的汤,油不宜过多,建议在锅中加入几片橘子皮,可去除异味和油腻。

⌒ 煲汤更好喝 ⌒

茶树菇炖牛肉

强筋健骨
提高免疫力

🥄🥄 2 人份 ⏱ 50 分钟

原料

茶树菇1小把,牛肉300克,胡萝卜1根,姜片、盐、老抽、料酒、白胡椒粉、葱花和植物油各适量。

做法

❶ 茶树菇除去根部,清洗干净;胡萝卜洗净切片;牛肉洗净切小块,加入放少许料酒的开水中汆烫后,捞出备用。

❷ 油锅烧热,放入汆烫好的牛肉块翻炒至变色后,加少许老抽炒匀。

❸ 加入姜片和适量水烧开后,放入茶树菇、胡萝卜片,炖30分钟,加少许盐、白胡椒粉调味,出锅前放入葱花即可。

为了保证牛肉的鲜嫩,可以在准备食材时加入几片姜、适量冰糖和酱油。

⌒ 煲汤更好喝 ⌒

荠菜鱼片汤

補心益气
益眼明目

🍜 2人份 ⏱ 30分钟

原料

草鱼片200克,荠菜100克,鸡蛋1个,盐、鸡精、干淀粉、料酒各适量。

做法

❶ 鸡蛋磕入碗中,搅匀;荠菜洗净,切段。

❷ 草鱼片洗净,沥干,加鸡蛋液、料酒、干淀粉拌匀。

❸ 锅中加适量水烧至八成热,加鱼片略烫,半分钟后捞出。

❹ 锅中放水,加入鱼片、荠菜,同煮3分钟后,加盐、鸡精调味。

养生功效

＊荠菜和草鱼同食,可以补充优质蛋白质和膳食纤维,有补心益气、益眼明目的功效。

准备食材时,可以用料酒腌制鱼片,这样可以去除腥味。

🍲煲汤更好喝

奶香香菇汤

健脑益智
健脾和胃

🍜 2人份 ⏱ 30分钟

原料

香菇250克,牛奶125毫升,洋葱半个,面粉、盐、黑胡椒粉、黄油各适量。

做法

❶ 香菇洗净,沥干水,切片;洋葱洗净,切末。

❷ 热锅放入黄油,待黄油熔化后放入面粉翻炒1分钟,盛出备用。

❸ 用锅中剩余黄油翻炒洋葱末、香菇片片刻,倒入牛奶、适量水及炒过的面粉,搅匀。

❹ 调入盐、黑胡椒粉,搅拌均匀即可。

养生功效

＊牛奶富含蛋白质和钙,有益于儿童的智力发育,促进人体肠道内乳酸菌的生长。

＊香菇清香鲜美,有助开胃。

放入蘑菇前最好把蘑菇小炒一下,否则汤品的最后颜色会变成棕色。

🍲煲汤更好喝

青少年

青少年时期是智力和身体发育的黄金时代，在此阶段，蛋白质和维生素等都是需要强化补充的生长有益营养。适当选择有益于大脑发育的食材，如鱼、虾等，同时也要选择一些微量元素，如铁、碘、钙含量丰富的食材煲汤，有益于智力、视力等发育。

推荐食材:莲藕、虾皮、豆腐、胡萝卜、羊排、山药、玉米、羊肉、排骨、筒骨等。

补碘补钙
健脑益智

干贝大骨海带汤

🥄🥄 2人份　⏱ 30分钟

原料

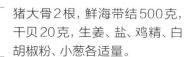

猪大骨2根，鲜海带结500克，干贝20克，生姜、盐、鸡精、白胡椒粉、小葱各适量。

养生功效

* 海带富含碘，有助智力发育，适合处于快速生长发育中的青少年。海带还含有较多的可溶性膳食纤维，有利于降脂通便，可预防青少年肥胖。
* 用猪大骨煮汤，汤味鲜美，还可减少海带的腥味。

做法

❶ 猪大骨洗净，剁成3厘米左右长的段，用清水浸泡2小时，析出血水后滤出备用。

❷ 干贝洗净，用清水浸泡至涨发。

❸ 海带结冲洗干净，取一大砂锅，下入大骨，倒入大半锅水。

❹ 盖上盖子，煮至沸腾后用滤网打去浮沫，反复2~3次，至浮沫全部除尽。

❺ 生姜去皮拍散下入锅内，盖上盖子，转小火炖2小时。

❻ 待汤色变白时转大火，下入海带结，再下泡好的干贝，加盐，盖上盖子，再炖30分钟，关火后加鸡精、白胡椒粉调味，装盘时撒上小葱增香。

骨汤的杂质浮沫要处理干净，汤的口感才更纯正。

╭ 煲汤更好喝 ╮

蘑菇鱼蓉羹

🥄🥄 2人份　🕐 1小时

原料

鲈鱼1条,菠菜100克,胡萝卜1根,蘑菇20克,高汤500毫升,姜片、植物油和盐各适量。

做法

❶ 胡萝卜、蘑菇、菠菜洗净后切成丁状备用。

❷ 鲈鱼去皮,取出鱼肉,用刀背将鱼肉斩成蓉。

❸ 鱼蓉中调入少许盐、姜片腌制30分钟。待锅中油七成热时,倒入胡萝卜丁、蘑菇丁翻炒片刻。

❹ 锅中倒入高汤,大火烧开;转小火,将鱼蓉倒入锅中并搅拌均匀,调入少许盐,将菠菜丁倒入锅中并搅拌均匀,再用小火烧3分钟。

取鱼肉的鱼可以用黄花鱼,鲈鱼,鲅鱼等少刺的鱼,取肉时只取背部的鱼肉。

〜 煲汤更好喝 〜

雪梨炖瘦肉

🥄🥄 2人份　🕐 1小时

原料

雪梨1个,猪瘦肉50克,桂圆5克,枸杞3克,冰糖5克。

做法

❶ 雪梨切小块;猪瘦肉切薄片,冷水下锅汆水,洗净。

❷ 将汆过水的瘦肉片冷水下锅,加入雪梨块、桂圆、枸杞和冰糖。

❸ 大火煮开,转小火炖40分钟,即可出锅。

煲汤时食材要冷水下锅,因为热水会使蛋白质迅速凝固,不容易出鲜味。

〜 煲汤更好喝 〜

养生功效

* 此汤清甜滋润,清淡可口,含有多种维生素、蛋白质和铁,非常适合青少年饮用。

土豆肉丸汤

🍜 2人份　⏱ 2小时

原料

土豆100克，猪肉馅150克，菠菜50克，鸡蛋1个，盐、香油、干淀粉各适量。

做法

❶ 土豆洗净、去皮，煮熟、捣成泥；菠菜洗净，切小段。

❷ 鸡蛋取蛋清，猪肉馅中加入盐、土豆泥、干淀粉、蛋清搅匀。

❸ 锅中加适量水煮开，用勺子将肉馅做成丸子放入沸水中煮，快熟时加菠菜继续煮熟，加盐、香油即可。

养生功效

* 土豆和猪肉的搭配可以为人体补充优质蛋白质，丰富的维生素 C、B 族维生素及各种矿物质，可以健心强身、增强体力。

水锅烧开后还可以加番茄片，红通通的番茄配着饱满的肉丸，看得让人充满食欲。

𝒞 滋补随心搭 𝒞

海带排骨汤

🍜 2人份　⏱ 2小时 20 分钟

原料

排骨3根，海带结300克，姜片、盐、鸡精、白胡椒粉、葱花各适量。

做法

❶ 排骨洗净，剁成3厘米长的小段。

❷ 将剁好的排骨过沸水汆至刚断生，捞出沥水备用；海带结洗净泥沙，备用。

❸ 取一汤煲，下入汆过水的排骨、姜片、海带结；加水至汤煲约九分满。

❹ 盖上盖，大火煮沸后转最小火，炖2小时即可，关火前30分钟加盐，关火后加鸡精和白胡椒粉调味，装盘时放入葱花。

养生功效

* 排骨中含有充足的钙和蛋白质，海带中碘含量很高，对青少年来说是极好的营养汤品。

喜欢汤清爽不油腻的，可用过水法；喜欢油厚重肉味浓的，可将排骨过油爆香。

𝒞 煲汤更好喝 𝒞

山药羊肉奶汤

补虚健脾
温中益气

〜〜 2人份　⏱ 2小时

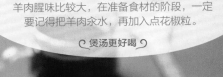

羊肉腥味比较大，在准备食材的阶段，一定要记得把羊肉汆水，再加入点花椒粒。

～ 煲汤更好喝 ～

原料

羊肉100克，牛奶250毫升，山药30克，姜片、盐各适量。

做法

❶ 羊肉洗净，切块；山药去皮，洗净，切片。

❷ 羊肉块和姜片放入砂锅中，加适量水和盐，小火炖熟。

❸ 另取砂锅，放入山药片和牛奶，再倒入羊肉汤，煮至山药熟即可。

养生功效

* 羊肉有益气血、补虚损、温元阳、御风寒等功效。
* 牛奶有补虚损、益肺胃等功效。
* 山药能健脾胃、补肺气、益肾精。

鸡茸玉米羹

强身健骨
益五脏

〜〜 2人份　⏱ 1小时

可以在汤里放点黄瓜丝，这样汤品的颜色会更好。也可以撒点香菜，提鲜提味。

～ 滋补随心搭 ～

原料

鸡胸肉100克，鲜玉米粒50克，鸡蛋1个，盐适量。

做法

❶ 鲜玉米粒洗净；鸡蛋打成蛋液。

❷ 鸡胸肉洗净，切成与玉米粒大小相同的丁。

❸ 鲜玉米粒、鸡肉丁放入锅内，加适量水。

❹ 大火煮沸并撇出浮沫，加盖转中火再煮30分钟。

❺ 将蛋液沿着锅边倒入，一边倒入一边搅动，开大火将蛋液煮熟，加盐调味即可。

养生功效

* 鸡肉益五脏，玉米健脾开胃，鸡蛋润燥养血，三者同食可补气血、强筋骨。

孕妇

给孕妇煲汤，讲究合理进食、粗细搭配，肉、蛋、奶以及蔬菜都不能少，还可以选择富含叶酸、胡萝卜素和维生素C的食材。

推荐食材:红枣、豆腐、奶酪、鸡蛋、鹌鹑蛋、西蓝花等。

清火滋阴
温补胎气

红枣山药水鸭汤

〃〃〃 3人份 ⏱ 2小时30分钟

原料

老鸭1只(1500克左右)，红枣20克，山药500克，盐、姜片、鸡精、白胡椒粉各适量。

养生功效

* 孕妇滋补所用食材，一般应以平和为主。
* 鸭肉可滋阴清虚、清热健脾，红枣和山药性味平和，可养血益气、润肺养阴。

做法

❶ 鸭宰杀清理洗净。

❷ 山药去皮滚刀切大块。

❸ 煮一大锅水，沸腾后下入整鸭，汆至刚刚断生后捞出。

❹ 将汆过水的鸭放入一大汤煲中。

❺ 入山药、红枣、姜片，加入水约至九分满。

❻ 盖上锅盖，大火煮沸后转小火，炖2小时，关火前30分钟加盐，关火后加鸡精、白胡椒粉调味即可。

山药最好临下锅前再去皮切块，切好后立刻下锅，以防因接触空气，氧化变黑。

〜 煲汤更好喝 〜

补气生血
养肝健胃

什锦豆腐汤

🥢🥢 2人份　🕐 1小时

原料

内酯豆腐200克，猪里脊肉50克，香菇、黑木耳各20克，黄花菜、生姜、干淀粉、植物油、料酒、老抽、盐、鸡精、白胡椒粉、葱花各适量。

做法

❶ 香菇、黑木耳、黄花菜泡发后洗净，连同生姜一起切成细丝。

❷ 猪里脊肉切丝，加干淀粉、料酒、老抽和少量水拌匀；内酯豆腐切正方小块。

❸ 汤锅入油烧热，下入姜丝煸香，下入香菇、黑木耳、黄花菜翻炒，加水至九分满。

❹ 改大火，加入豆腐、盐，煮至再次沸腾后下入猪肉丝扒散，再次煮沸后关火，加鸡精、白胡椒粉调味，最后撒上葱花即可。

香菇、黑木耳过油炒一下更滑润，猪肉和豆腐都不宜久煮，所以在最后放，烫熟即可。

煲汤更好喝

滋阴养血
健脑润燥

奶酪蛋汤

🥢🥢 2人份　🕐 40分钟

原料

奶酪20克，鸡蛋1个，西芹100克，胡萝卜、面粉、盐、高汤各适量。

做法

❶ 西芹和胡萝卜洗净，切成末，在水中焯熟，捞出备用。

❷ 鸡蛋磕入碗中，加奶酪一起搅匀，再加入面粉，制成蛋糊。

❸ 锅中加入适量高汤，煮开后，淋入蛋糊。

❹ 食材全熟时加盐起锅，最后撒上西芹和胡萝卜末。

养生功效

＊奶酪和鸡蛋同食，补充钙和多种维生素，尤其是 B 族维生素，还能滋阴养血、健脑润燥。

把奶酪换成牛奶口味更佳，而且做法简单，只需要把鸡蛋和牛奶搅匀，烫熟。

滋补随心搭

白菜牛奶羹

増进食欲
补充钙质

🥄🥄 2人份　🕐 30分钟

原料

白菜半棵,菠菜1棵,牛奶250毫升,面粉、黄油、盐各适量。

做法

❶ 将菠菜和白菜洗净,切碎焯熟。

❷ 黄油入锅,待熔化后放面粉翻炒均匀,加牛奶、菠菜、白菜同煮。

❸ 当牛奶煮沸后放适量盐调味。

最好选择鲜牛奶或者豆奶,汤的味道会更好,不要用类似巧克力奶那样有调味的奶。

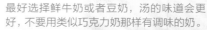
煲汤更好喝

养生功效

* 白菜富含膳食纤维,促进肠道蠕动,增进食欲。
* 牛奶富含蛋白质和钙,可以为产妇补充营养,增强抵抗力。

双色补血汤

解毒清肠
补血美容

🥄🥄 2人份　🕐 50分钟

原料

猪血100克,豆腐100克,青菜、葱段、姜丝、盐各适量。

做法

❶ 猪血和豆腐洗净后,分别切成小块。

❷ 锅中烧开水,将猪血块和豆腐块放入余2分钟后捞出,过一遍凉水。

❸ 锅中倒入高汤或清水,烧开后倒入猪血块、豆腐块、葱段、姜丝。

❹ 大火烧开,转中小火慢炖10分钟后加盐调味,再加青菜稍烫后即可出锅。

食用动物血时,无论用什么烹调方法,一定要熟透,同时最好辅以葱、姜、蒜等。

煲汤更好喝

养生功效

* 猪血富含铁,孕妇食用有解毒清肠、补血美容的辅助功效,但不宜食用过多,以免增加体内的胆固醇。

罗宋汤

延缓衰老
开胃消食

2人份　⏱ 5小时

原料

牛腩肉500克,番茄2个,洋葱半个,胡萝卜半根,西芹3小根,大蒜、黄油、盐、番茄酱、百里香碎、罗勒碎各适量。

做法

❶ 牛腩肉洗净,水中浸泡4小时后捞出,切小块过沸水氽熟,捞出冲洗干净。

❷ 番茄、洋葱、胡萝卜、西芹、大蒜切小丁。

❸ 炖锅烧热,下黄油加热至熔化,然后下洋葱、大蒜煸炒出香,再下胡萝卜、西芹、番茄丁,翻炒至出汤,加盐、百里香碎、罗勒碎、番茄酱炒匀,小火炖煮5分钟。

❹ 加牛肉块炒匀,再加2倍的水,搅匀后盖上锅盖,大火煮沸后转小火,炖40分钟。

罗宋汤的食材中只有基础的番茄和番茄酱不可少,其他各类蔬菜都可随个人喜好替换。

⌒ 滋补随心搭 ⌒

西蓝花鹌鹑蛋汤

强身健脑
补益气血

2人份　⏱ 40分钟

原料

西蓝花100克,鹌鹑蛋4个,番茄1个,香菇2朵,盐适量。

做法

❶ 西蓝花洗净,切小朵。

❷ 鹌鹑蛋煮熟,去壳;香菇洗净,切十字刀;番茄洗净,切块。

❸ 将香菇、鹌鹑蛋、西蓝花、番茄块入锅加水,同煮至熟,加盐调味即可。

养生功效

* 鹌鹑蛋具有补五脏、强身健脑、补益气血的功效。
* 西蓝花含有丰富的抗坏血酸,能增强肝脏的解毒能力,提高机体的免疫力。

用高汤当锅底味道更鲜,可以将香菇、干贝用热水泡开,加一点火腿片放在锅里煮。

⌒ 煲汤更好喝 ⌒

产妇

产妇由于产后失血，元气大亏，应该补充大量营养，促进产妇身体早日恢复健康。产后饮食调补宜清淡且易消化，不宜过度肥腻辛香，以免腻胃滞脾，同时忌生冷。

推荐食材:黄豆、豆腐、山药、白萝卜、牛奶、木瓜、鲫鱼、猪蹄、排骨等。

黄豆煲猪蹄

催乳下奶
美容养颜

〃 2人份 ⏱ 2小时

原料

黄豆100克，猪蹄2只，姜片、料酒、植物油、盐、鸡精、白胡椒粉、葱花各适量。

养生功效

* 《本草图经》注: 行妇人乳脉，滑肌肤。黄豆炖猪蹄，是流传了千年的下奶名汤，对产妇催乳有很好的效果，同时也可以美容养颜。

做法

❶ 提前将黄豆用清水浸泡4小时以上至涨发。

❷ 猪蹄洗净、去毛，剁成小块。

❸ 汤锅入油烧热，下入姜片煸香，再下猪蹄翻炒至断生，然后下入盐和料酒烹香。

❹ 加入泡好的黄豆，加入水至九分满。

❺ 盖上锅盖，大火煮沸后转最小火，炖2小时。

❻ 炖至汤色浓白如牛奶时关火，加鸡精、白胡椒粉调味，最后撒上葱花即可。

干黄豆不易煮熟，要充分浸泡后再煮，才更易熟烂，同时煮出的汤才浓醇奶白。

〔 煲汤更好喝 〕

益气生津
补虚通乳

三丁豆腐羹

〰 2人份 ⏱ 30分钟

原料

豆腐100克，鸡肉、番茄、鲜豌豆各50克，盐、香油各适量。

做法

❶ 豆腐切块，在沸水中焯一下。

❷ 鸡肉、番茄分别洗净，切丁。

❸ 将豆腐块、鸡肉丁、番茄丁、豌豆放入锅中，大火煮沸后，转小火煮20分钟。

❹ 出锅前加盐调味，并淋上香油即可。

把"三丁"换成肉末、水发木耳、黄瓜，再简单调味，就是色香味俱全的肉末豆腐羹。

〜 滋补随心搭 〜

养生功效

* 豆腐有益气宽中、生津润燥、通乳汁等功效。
* 鸡肉有益五脏、补虚损、健脾胃等功效。
* 番茄能生津止渴、健胃消食。

温补脾胃
促进泌乳

山药公鸡汤

〰 2人份 ⏱ 2小时40分钟

原料

公鸡1只，山药200克、植物油、姜片、盐各适量。

做法

❶ 公鸡处理干净，切块；山药去皮，切成滚刀块。

❷ 油锅烧热，放入鸡块和姜片翻炒，至鸡块变色、鸡肉收紧，盖上锅盖，小火慢炖2个小时。

❸ 放入山药块再炖20分钟，加盐调味即可。

公鸡油少肉紧，至少要炖1小时以上，所以加水时要一次性加足。

〜 煲汤更好喝 〜

养生功效

* 这道鸡汤是新妈妈产后恢复、催乳的良好选择。山药可以健脾胃，适宜产后肠胃功能较差的新妈妈食用，产后一周吃公鸡能促进乳汁分泌。

明虾炖豆腐

通乳养血
益气宽中

～～ 2人份　⏱ 30分钟

原料

虾、豆腐各100克，小葱、生姜、盐各适量。

做法

❶ 将虾线挑出，取虾仁，洗净。

❷ 豆腐切小块；小葱洗净，切葱花；生姜洗净，切片；虾仁和豆腐块放沸水中烫一下，盛出。

❸ 锅中放入虾仁、豆腐块、姜片和适量水，大火煮沸后撇去浮沫，转小火炖至虾肉熟透，拣去姜片，加盐调味，撒上葱花即可。

把豆腐替换成白菜后的大虾炖白菜也是一道难得的佳肴。

滋补随心搭

养生功效

* 虾性温，有补肾、壮阳、通乳等功效。
* 豆腐性凉，有益气宽中、生津润燥、解热毒、通乳等功效。

梅条肉萝卜汤

增强体质
均衡营养

～～ 2人份　⏱ 50分钟

原料

梅条肉250克、白萝卜半根，干淀粉、酱油、姜片、盐各适量。

做法

❶ 梅条肉横断面切片，加干淀粉、酱油、姜片、盐腌制半小时。

❷ 白萝卜切块洗净，用清水加姜片煮熟。

❸ 放入肉片，水滚后加盐调味即可。

梅条肉和菌菇、竹笋一起煲汤的口味也很鲜美，竹笋富含膳食纤维。

滋补随心搭

养生功效

* 猪肉含有优质蛋白质，有助于产妇增强体质，和白萝卜搭配，能达到均衡营养的作用。

生津补血
提高免疫力

番茄猪肝汤

2人份　⏱ 30分钟

原料

☐ 番茄1个, 猪肝100克, 植物油、盐各适量。

做法

❶ 猪肝洗净, 切片; 番茄用开水烫一下, 去皮。

❷ 猪肝在沸水中焯煮片刻, 捞出备用。

❸ 炒锅加油烧热, 将番茄块翻炒。

❹ 汤锅加入适量水烧开, 转入炒过的番茄, 加猪肝, 滚后加入盐起锅。

养生功效

* 番茄具有生津止渴、健胃消食的功效。
* 猪肝含有铁, 能增强人体的免疫力, 抗氧化、防衰老, 是理想的补血佳品之一。

若猪肝的腥味较重, 可以把猪肝和盐、生抽、生粉、植物油、生姜拌匀, 腌10分钟。

◟ 煲汤更好喝 ◞

催乳下奶
舒筋补虚

木瓜牛奶露

2人份　⏱ 15分钟

原料

☐ 鲜木瓜200克, 牛奶250毫升, 冰糖适量。

做法

❶ 木瓜洗净, 去皮、籽, 切细。

❷ 木瓜丝放入锅内, 加适量水 (没过木瓜), 大火熬煮至木瓜熟烂。

❸ 放入牛奶、冰糖, 与木瓜一起拌匀, 再煮至汤微沸即可。

养生功效

* 木瓜性温, 有祛湿、舒筋、和胃、下奶等功效。
* 牛奶性平, 有补虚损、益肺胃等功效。二者同食可祛湿、补虚、益肺胃。

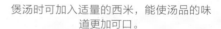

煲汤时可加入适量的西米, 能使汤品的味道更加可口。

◟ 滋补随心搭 ◞

鲫鱼炖豆腐

〰〰 2人份 ⏱ 50分钟

原料

☐ 鲫鱼1条,豆腐200克,生姜、料酒、盐各适量。

做法

❶ 豆腐切薄片;鲫鱼去鳞,去内脏,去鳃,洗净,切块;生姜洗净,切片。

❷ 鲫鱼和姜片放入砂锅中,加入适量清水和料酒,大火煮沸转小火煲30分钟。

❸ 再放入豆腐煮熟,加盐调味即可。

先把鲫鱼放在锅里煎一遍,再将鲫鱼身上的水分擦干,涂上面粉,防粘锅。

❧ 煲汤更好喝 ❧

养生功效

* 豆腐有益气宽中、生津润燥、解热毒、通乳等功效。
* 鲫鱼和中开胃、活血通络,有良好的催乳功效。

番茄豆芽排骨汤

〰〰 2人份 ⏱ 2小时

原料

☐ 番茄1个,黄豆芽100克,排骨150克,盐适量。

做法

❶ 番茄洗净,切块;黄豆芽洗净。

❷ 排骨切块,用沸水汆一下,捞起。

❸ 番茄块、黄豆芽、排骨块放入锅中,加适量水,大火煮沸后转小火炖熟,加盐调味即可。

将豆芽换成玉米,既有番茄的酸甜又有玉米的清香,口感丰富。

❧ 滋补随心搭 ❧

养生功效

* 排骨性平,有补虚、生乳、滋阴养血等功效。
* 番茄性微寒,有生津止渴、健胃消食等功效。
* 黄豆芽性寒,能利湿热。

男性

男性的工作紧张而繁忙，心理压力大，健康很容易遭到损害。肥胖、"三高"、亚健康成为越来越多男性的困扰。男性可通过饮食调节来改善健康，控制饮食总热量和脂肪的摄入量，避免肥胖。

推荐食材:韭菜、胡萝卜、山药、蘑菇、牛肉、鸽子肉、鸡肉、猪瘦肉、海参等。

花生红枣牛筋汤

抗疲劳
强筋壮骨

~~ 2人份 ⏰ 50分钟

原料

牛筋500克，红枣30克，带皮花生50克，姜片、盐、鸡精、白胡椒粉和植物油各适量。

养生功效

* 牛筋含丰富胶原蛋白质，能增强细胞生理代谢，延缓衰老，有强筋壮骨之功效，加上能提高免疫力的红枣和补钙抗老化的花生，常饮此汤，对男性强筋健骨、预防骨质疏松有很好的效果。

做法

❶ 牛筋洗净。

❷ 分切成三大块，过沸水氽至断生。

❸ 再过冷水冲洗一遍，改刀成小块。

❹ 炒锅入油，烧热后下入姜片、牛筋翻炒2分钟。

❺ 将炒过的牛筋倒入高压锅中，加入盐、红枣和花生，加入约5倍的水。

❻ 盖上盖子，大火烧上汽后转小火，压30分钟，关火放汽后加鸡精、白胡椒粉调味即可。

牛筋生切不成形，要过沸水氽熟，再过冷水冲，使其紧实，才方便改刀。

煲汤更好喝

玉米山药蚌肉汤

解毒除热
润肠通便

✓✓✓ 3人份 ⏱ 2小时

原料

小河蚌700克,玉米2根,淮山药500克,盐、植物油、鸡精、白胡椒粉各适量。

做法

❶ 小河蚌在清水中漂洗几遍,然后加入少量盐或者几滴油,提前用清水养6小时以上,使其吐尽泥沙。

❷ 汤锅注水煮沸,下入河蚌,煮至开口后捞出,将蚌肉挑出备用;玉米切成长条;淮山药去皮滚刀切大块。

❸ 汤锅入油烧热,下入淮山药、玉米翻炒1分钟,然后下入蚌肉,加入水至九分满,盖上锅盖,大火煮沸后转小火,炖30分钟,关火后加盐、鸡精、白胡椒粉调味即可。

山药临下锅前再去皮切块,切好后立刻下锅,以防氧化变黑。

⟡ 煲汤更好喝 ⟡

韭菜虾仁汤

温肾助阳
散瘀活血

✓✓ 2人份 ⏱ 20分钟

原料

韭菜50克,虾6只,料酒、水淀粉、盐各适量。

做法

❶ 韭菜切段;虾去壳,加少许料酒、水淀粉拌匀。

❷ 锅中加入适量清水,大火煮沸,放入虾仁煮5分钟。

❸ 加入韭菜,再次煮沸,加盐调味。

养生功效

* 韭菜性温、味辛,有温肾助阳、散瘀活血的功效,能够辅助治疗阳虚引起的腰膝寒冷。
* 虾仁具有补肾壮阳、健胃的功效。

买回来的虾最好放入冷冻室冷冻半小时,这样比较容易剥壳。

⟡ 煲汤更好喝 ⟡

补肾益阴
祛除肺燥

黑豆鲤鱼汤

〜〜 2 人份　🕙 40 分钟

原料

黑豆 100 克, 鲤鱼 1 条, 姜片、料酒、植物油、盐、鸡精、白胡椒粉、葱花各适量。

做法

❶ 黑豆提前用清水浸泡 4 小时以上至涨发。

❷ 鲤鱼宰杀清理干净, 两面打花边后用料酒和姜片腌制 5 分钟。

❸ 汤锅入油烧热, 下入鲤鱼, 中火煎至两面起皮, 加入黑豆和约九分满的水。

❹ 盖上锅盖, 大火煮沸后转小火, 煮 20 分钟, 加入盐再煮 5 分钟, 关火后加鸡精、白胡椒粉调味, 最后撒上葱花即可。

养生功效

* 男性年龄增长, 易受前列腺疾病、脱发等困扰, 常食黑豆和鲤鱼, 可解毒利尿、明目乌发, 还能有效缓解腰酸。

应该挑选小一点的鲤鱼, 这样肉质不太容易老。

煲汤更好喝

养肾生精
补中益气

泥鳅豆腐汤

〜〜 2 人份　🕙 50 分钟

原料

泥鳅 6 条, 豆腐 200 克, 葱花、姜片、生抽、盐、高汤、植物油各适量。

做法

❶ 豆腐切成均匀的小块备用。

❷ 锅中热油, 下葱花、姜片和泥鳅煎香, 加入足量的高汤, 大火烧开。

❸ 下入豆腐块, 转中小火慢炖 30 分钟。

❹ 调入生抽, 用大火煮开, 待豆腐软烂, 加盐调味, 撒葱花即可。

养生功效

* 泥鳅有养肾生精的功效, 其富含的赖氨酸是精子形成的必要成分, 因而常吃泥鳅不但能促进精子形成, 还有助于提高精子的质量。

* 豆腐有补中益气、增进食欲的功效。

泥鳅最好先用清水养 2 天吐掉脏物, 然后放入约 70℃ 的水中烫去黏液, 再用清水洗。

煲汤更好喝

韭菜木耳羊肉汤

〰〰 2 人份 ⏱ 1 小时 30 分钟

原料

羊肉150克,韭菜50克,干黑木耳5克,盐、料酒各适量。

羊肉应挑选呈鲜红色、有光泽、肉质紧实、表面微干或微湿,这样的羊肉比较新鲜。

〰 煲汤更好喝 〰

做法

❶ 羊肉切小块;韭菜洗净切段;黑木耳泡发撕朵。

❷ 锅中适量水,倒入羊肉块后加料酒汆水,撇去浮沫和血水后捞出。

❸ 砂锅中添加清水,放入羊肉块和黑木耳。

❹ 大火煮沸后转小火慢炖40分钟,再下韭菜,加盐调味,入味后即可出锅。

养生功效

＊中医认为,韭菜温中行气,以它配黑木耳、羊肉煲汤,不仅是鲜美可口,且有温肾壮阳、养血活血的功效。

猴头菇冬瓜猪肉汤

〰〰 2 人份 ⏱ 3 小时 30 分钟

原料

猴头菇80克,冬瓜500克,田螺肉300克,白术、猪肉各20克,陈皮、姜片、盐各适量。

猴头菇应该挑选体大、个头均匀、色泽艳黄、质嫩肉厚、干燥无虫蛀的为佳。

〰 煲汤更好喝 〰

做法

❶ 猴头菇洗净,切片;田螺肉洗净。

❷ 冬瓜洗净,保留冬瓜皮、瓤和籽。

❸ 白术、猪肉和陈皮分别用清水洗干净。

❹ 锅内加入适量清水,先用大火煲至水沸,放入以上全部食材和姜片,待水再沸,改用中火继续煲3小时,加盐调味即可。

养生功效

＊此汤是男性调养身体的佳品,猴头菇含高蛋白、低脂肪,富含维生素和矿物质,利于增强机体免疫力。

中老年

老年人消化功能降低，心血管系统及其器官都有不同程度的退化。不应常喝"大荤汤"，而应选用新鲜绿叶蔬菜以保证良好的消化吸收。老年人也常有关节退化等问题，所以要选择钙含量丰富的食材。

推荐食材: 黄颡鱼、鸭肉、豆腐、羊肉、桂圆肉等。

养阳祛风
补益脾胃

蒿菜黄颡鱼汤

🥄🥄 2人份 ⏱ 1小时

原料

黄颡鱼500克，蒿菜300克，生姜、小葱、植物油、料酒、盐、鸡精、白胡椒粉各适量。

养生功效

* 黄颡鱼，有行水消肿、祛风除湿的功效。
* 蒿菜有解热毒、清烦渴的功效。

做法

❶ 黄颡鱼从喉下撕开，取出肠管，流水冲洗干净。

❷ 蒿菜洗净掐成3厘米左右长的段。

❸ 生姜切丝，小葱切长段。

❹ 汤锅入油，烧至八成热时，下入姜丝小火煸香，转大火，下入黄颡鱼，两面各煎1分钟。

❺ 下入料酒烹香，加入水约至八分满。

❻ 盖上锅盖，大火煮沸后转小火，再炖20分钟，加盐，转大火煮沸后下入蒿菜，煮至再次沸腾后再煮1分钟关火，加鸡精、白胡椒粉调味，最后撒上葱段即可。

黄颡鱼的鱼肉非常嫩，所以煎制的时候要注意轻轻翻动，不要过于用力。

⌒ 煲汤更好喝 ⌒

茶树菇老鸭煲

防癌抗癌
补益脾胃

2 人份　⏱ 2 小时

原料

老鸭半只、茶树菇 10 根，姜片、盐、料酒各适量。

做法

❶ 鸭洗净，切块，用料酒腌制片刻；茶树菇洗净，用水浸泡 20 分钟。

❷ 锅中加入适量水，放入鸭肉、姜片、茶树菇，大火烧开后改小火炖煮。

❸ 鸭肉烂熟时加盐调味即可。

养生功效

* 海带有降血脂、降血糖、调节免疫的功效。
* 豆腐有补中益气、清热润燥、生津止渴的功效。两者同食可排毒养颜，延缓衰老。

鸭子汤比较肥，建议提前煲，自然晾凉以后放入冰箱让油凝固，把浮油去掉再食用。

煲汤更好喝

海带豆腐汤

滋阴润燥
排毒养颜

2 人份　⏱ 20 分钟

原料

豆腐 100 克，海带 50 克，盐适量。

做法

❶ 豆腐洗净，切丁。

❷ 海带洗净，切条。

❸ 锅中加适量水，放入海带条并用大火煮沸，再转中火将海带条煮软。

❹ 最后放入豆腐块，待豆腐煮熟时加盐调味即可。

养生功效

* 海带有降血脂、降血糖、调节免疫的功效。
* 豆腐有补中益气、清热润燥、生津止渴的功效。海带与豆腐同食可排毒养颜，延缓衰老。

有高血压的中老年人喝此汤时，盐要加少一些，因为海带是偏咸的食物。

煲汤更好喝

山楂红枣麦仁汤

活血滋阴
健脾开胃

╰╯ 2人份　⏱ 50分钟

原料

燕麦仁100克, 红枣10克, 干山楂20克, 冰糖适量。

做法

❶ 将燕麦仁、红枣、干山楂过水淘洗干净。

❷ 倒入汤锅中, 加入冰糖, 加入约10倍的水, 盖上锅盖, 大火煮沸后转小火, 炖煮40分钟即可。

养生功效

＊ 山楂具有降血脂、降血压等作用, 同时也是健脾开胃、消食化滞、活血化痰的良药, 对疝气、血瘀等症有很好的疗效。

燕麦仁如果提前浸泡, 可缩短煲汤时间。给糖尿病患者食用的话, 需要去掉冰糖。

╰ 煲汤更好喝 ╯

白菜炖豆腐

健脾开胃
强筋健骨

╰╯ 2人份　⏱ 30分钟

原料

大白菜、豆腐各200克, 粉条50克, 植物油、葱花、姜片、蒜片、盐、鸡精、白胡椒粉各适量。

做法

❶ 大白菜洗净, 切块; 粉条洗净, 泡软; 豆腐洗净, 切块。

❷ 油锅烧热, 放葱花、姜片、蒜片炒香, 加适量水, 放粉条、豆腐、大白菜, 炖至粉条熟透。

❸ 加入盐、鸡精、白胡椒粉调味即可。

养生功效

＊ 豆腐富含蛋白质和钙, 可以帮助老年人强筋健骨。

＊ 大白菜和豆腐同食, 清爽可口, 健脾开胃, 可缓解咽喉肿痛。

将原料煮熟即可, 久煮会导致汤品不鲜。加入适量的猪肉来煲汤, 营养更丰富。

╰ 滋补随心搭 ╯

白萝卜炖羊肉

补脾益心
温中开胃

2人份　　1小时30分钟

原料

白萝卜500克,羊肉250克,植物油、葱花、姜片、八角、料酒、盐、香菜各适量。

做法

❶ 羊肉洗净,切块;白萝卜洗净,去皮,切块。

❷ 油锅烧热,加葱花、姜片、八角翻炒,放羊肉继续翻炒。

❸ 加适量水,大火烧开,加料酒后用小火慢炖。

❹ 羊肉六成熟时加白萝卜炖至食材烂熟,加盐调味,撒上香菜即可出锅。

养生功效

＊白萝卜和羊肉同食,具有温中开胃、补脾益心、壮筋骨、抵御风寒的功效。

在汤中加入适量的白芷和桂皮粉可以去掉羊肉的膻味。

⌒ 煲汤更好喝 ⌒

青菜平菇汤

润肠排毒
滋养脾胃

2人份　　15分钟

原料

平菇15克,青菜30克,鸡蛋2个、盐、葱花、植物油各适量。

做法

❶ 平菇洗净,切条;把青菜洗净,切段;鸡蛋磕碎,搅拌。

❷ 炒锅放植物油烧热,倒入葱花、平菇翻炒,加入适量清水煮沸,待沸时,加蛋液、青菜煮1~2分钟,加盐调味。

养生功效

＊平菇具有滋养脾胃、祛风散寒、舒筋活络的功效。
＊青菜有解毒消肿的功效,与平菇同食,可以润肠排毒。

青菜平菇汤食材单调,可以往汤里加入适量的黑木耳和番茄片。

⌒ 滋补随心搭 ⌒

板栗烧牛肉

益气补血
强筋健骨

🍜 2人份　🕐 1小时

原料

牛肉500克，板栗6颗，姜片、葱花、盐和植物油各适量。

做法

❶ 牛肉切块，洗净，入沸水汆一下；板栗去壳。

❷ 油锅烧热，下板栗肉煸炒至表皮发黄，捞出；锅中留底油，下葱花、姜片，炒出香味时，放牛肉、盐和适量水。

❸ 大火煮沸后，撇去浮沫，转小火炖，待牛肉熟时下板栗，至肉熟烂、板栗酥时收汁即可。

养生功效

＊板栗性温，有养胃健脾、补肾强腰、补血等功效。
＊牛肉性平，有健脾益肾、补气养血、强筋健骨等功效。

挑选牛肉的时候可以选择带膘的肋条肉，煲汤效果更好。

╰ 煲汤更好喝 ╯

党参虫草炖乌鸡

温补气血
提高免疫力

🍜 2人份　🕐 2小时30分钟

原料

乌鸡1只，虫草花5克，党参3克，枸杞、姜片、料酒、盐各适量。

做法

❶ 乌鸡去头（也可以剁成小块），冷水下锅，加料酒、姜片汆水，撇去浮沫，捞出备用。

❷ 砂锅中加足量水，加入虫草花、党参、枸杞、乌鸡。

❸ 大火煮开，撇去表层浮沫，小火慢炖2小时，待乌鸡肉质酥软，调入盐，即可出锅。

养生功效

＊党参能增强免疫力、扩张血管、降压、改善微循环、增强造血功能。
＊虫草花可以调节人体免疫功能、提高人体抗病能力。

乌鸡本身油脂少，如果喜欢酥烂的口感，可以加入少量的植物油。

╰ 煲汤更好喝 ╯

PART6

不同职业保健汤

脑力劳动者

脑力劳动者工作压力大，竞争激烈使精神无法放松，应该多食健脑益智食材煲的汤，比如家禽、鱼肉类等。此外，滋补大脑的物质有不饱和脂肪酸、维生素以及各种微量元素。

推荐食材:鸡蛋、草鱼、紫菜、核桃、黑木耳、鱼头、黄豆、松仁、排骨等。

滑蛋鱼片汤

健脑益智
养身明目

✔✔ 2人份 🕐 1小时

原料

草鱼1条（1500克左右），鸡蛋1个，干淀粉、盐、料酒、白醋、葱花、植物油、鸡精、白胡椒粉各适量。

养生功效

* 鸡蛋富含蛋白质和卵磷脂，是健脑益智的佳品。
* 草鱼富含蛋白质，适宜虚劳、风虚头痛的人食用，具有补脑的功效。

做法

① 草鱼宰杀，去鳞去鳃去肠，清理干净。

② 去鱼头、鱼皮、剔骨，留下净鱼肉。

③ 将鱼肉切成约2毫米厚的薄片。

④ 将鱼片置于碗中，加入料酒、白醋、盐、干淀粉、鸡精和白胡椒粉，用手抓揉均匀，然后鸡蛋打散倒入鱼片中，轻轻拌匀。

⑤ 锅中倒入约半锅水，加入盐、植物油，搅拌均匀，大火煮至沸腾。

⑥ 入鱼片迅速拨散，至鱼肉变白时关火，加鸡精、白胡椒粉调味，最后撒上葱花即可。

一定要沸水下鱼片，汆烫30秒左右至鱼肉变白立刻关火，时间稍长会让鱼肉变老。

⌒滋补随心搭⌒

三文鱼西蓝花蒜瓣汤

补虚劳暖胃和中

🍴🍴 2人份　⏱ 30分钟

原料

三文鱼100克,西蓝花50克,胡萝卜20克,蒜瓣1个,盐、料酒和高汤各适量。

做法

❶ 三文鱼切薄片;西蓝花洗净,切小块;胡萝卜和蒜瓣切片。

❷ 三文鱼片加盐、料酒稍稍腌制。

❸ 砂锅中加入高汤、西蓝花块、胡萝卜片和蒜瓣片,大火煮沸后转小火慢炖10分钟,下入腌制好的三文鱼片,调入盐,再煮3分钟即可出锅。

养生功效

＊三文鱼富含不饱和脂肪酸,可以健脑、软化血管,还富含卵磷脂,可以增强记忆。

挑选新鲜的三文鱼,用手压鱼肉时,肉质结实而富有弹性,鱼肉呈鲜艳的橙红色。

煲汤更好喝

紫菜豆腐鸡蛋汤

生津润燥护眼明目

🍴🍴 2人份　⏱ 15分钟

原料

紫菜10克,豆腐50克,鸡蛋1个,葱花、香油、盐各适量。

做法

❶ 紫菜洗净,撕碎;豆腐切块。

❷ 鸡蛋打入碗内,搅匀。

❸ 锅中放入适量的清水煮沸,放入豆腐,淋入鸡蛋液,再次煮沸,加紫菜、葱花和盐,最后淋上香油即可。

养生功效

＊紫菜富含碘,可增强人的记忆力;豆腐具有生津的功效。

＊鸡蛋具有润燥、增强免疫力、护眼明目的作用,常吃对脑力劳动者大有裨益。

为了让蛋花吃起来更嫩些,可以在最后淋入鸡蛋液,等关火闷熟再打开锅盖。

煲汤更好喝

松仁海带汤

排肾毒
健脑益智

🍜 2人份　⏱ 20分钟

原料

松仁50克,海带100克,黄豆20克,鸡汤、盐各适量。

做法

❶ 松仁洗净;黄豆洗净,提前用水浸泡8小时左右;海带洗净,提前浸泡2~4小时,切成细丝。

❷ 锅中放入鸡汤、松仁、黄豆、海带丝,用小火煨熟,加盐调味即可。

养生功效

*海带中的含碘量较高,能健脑益智。
*松仁富含不饱和脂肪酸和微量元素,对大脑神经和抗疲劳都有补益的作用。

海带还可以和猪龙骨搭配煲汤,口味更鲜。

꒰ 滋补随心搭 ꒱

大虾油菜汤

益智健脑
预防癌症

🍜 2人份　⏱ 30分钟

原料

对虾100克,油菜5棵,高汤、料酒、黄油和盐各适量。

做法

❶ 将对虾去须去爪洗净,放入盘内加些许料酒腌制;锅中烧热水,下入对虾汆水。

❷ 锅烧七成热,放入少许黄油化开,下入对虾翻炒,倒入高汤,中火煮沸,用勺子撇去浮沫。

❸ 下入洗净的油菜,待油菜变软,调入盐后即可食用。

养生功效

*虾营养丰富,具有补脑益智的作用。
*油菜可降低血脂、美容保健。

煮虾的时间不要过长,这样才能保持原有的鲜味。

꒰ 煲汤更好喝 ꒱

鱼头萝卜汤

 下气宽中 健脑益智

🥄🥄 2人份 ⏱ 1小时

原料

鱼头1个，白萝卜1根，姜片、料酒、盐、植物油、鸡精、白胡椒粉各适量。

做法

❶ 鱼头去鳞去鳃，从中对剖成两半，表面撒少许盐涂抹均匀，加姜片、料酒腌制15分钟；白萝卜去皮，切成5毫米左右厚的片。

❷ 不粘汤锅入油，大火烧至八成热时转中火，下姜片煸香，再下鱼头，中火煎至两面焦黄起皮。

❸ 锅中倒入开水（没过鱼头），转大火煮沸，撇去浮沫后下白萝卜片。

❹ 盖上锅盖，大火煮至沸腾时转最小火，炖40分钟，加白胡椒粉、鸡精调味即可。

鱼头一定要新鲜，活鱼现杀最好。煮鱼汤加入的水最好为开水，开锅后浮沫要清除。

↪ 煲汤更好喝 ↩

银鱼苋菜汤

 滋阴补虚 清热明目

🥄🥄 2人份 ⏱ 20分钟

原料

银鱼100克，苋菜30克，盐、植物油、蒜蓉和姜末各适量。

做法

❶ 银鱼洗净，沥干水分备用。

❷ 锅中入油烧热，把蒜蓉和姜末爆香后，放入银鱼快速翻炒一下。

❸ 锅中加入适量清水（或高汤）。

❹ 苋菜去根和蒂，洗净，切成小段，下入锅中。

❺ 大火煮5分钟，加盐调味即可出锅。

养生功效

* 银鱼富含蛋白质、钙、磷，可滋阴补虚劳。
* 苋菜能补气、清热、明目、利大小肠。

煲汤时还可以将面条或米线放进同煮，做成一道鲜美的银鱼苋菜面或米线。

↪ 滋补随心搭 ↩

体力劳动者

体力劳动多以肌肉、骨骼的活动为主，多会产生肌肉酸痛等症状。煲汤时应选择富含蛋白质的食物，也要注意补充盐分，以维持身体能量的代谢平衡。

推荐食材:鸡肉、羊肉、牛肉、鲫鱼、鲤鱼、鹌鹑、海带、黄花菜、紫菜等。

清润滋补
强身健骨

虫草花玉米龙骨汤

〰 2人份 ⏱ 1小时

原料

猪脊骨400克，玉米2根，虫草花20克、生姜、料酒、盐、鸡精、白胡椒粉各适量。

养生功效

＊常食虫草花，可有益肝肾、补精髓、止血化痰，加上益筋骨的脊骨和抗衰降压的玉米一起炖汤，清补温润，是适合体力劳动者的一碗好汤。

做法

① 猪脊骨剁成小块，洗净备用。

② 玉米切成3厘米左右长的小段。

③ 虫草花用清水泡发后捞出沥干，生姜切片。

④ 汤锅注水煮沸，下入猪脊骨煮至再次沸腾，打去浮沫后将脊骨捞出。

⑤ 将汆水后的猪脊骨和玉米、姜片、虫草花倒入压力锅，加入2.5倍的水，加入盐和料酒搅拌均匀。

⑥ 盖上锅盖，煲25~30分钟，开盖后加入适量鸡精和白胡椒粉调味即可食用。

虫草花玉米汤很百搭，冬季可以将排骨换成鸡肉，更具滋补效果。

❝ 滋补随心搭 ❞

太子参老鸭煲

〜〜 2人份 ⏱ 1小时

原料

老鸭半只、太子参10~20克, 姜片、盐、葱段各适量。

做法

❶ 鸭洗净, 切块。

❷ 锅中加入适量水, 放入姜片、鸭块、太子参、葱段, 大火煮开后改小火炖煮。

❸ 鸭肉烂熟时加盐调味即可。

为了增添汤的分量和口感, 适量地添加白萝卜可以给这道汤品添光添彩。

ᑕ 煲汤更好喝 ᑐ

养生功效

• 鸭肉和太子参的搭配, 不但可以补肺润肺、养阴, 还能补益身体、消除倦怠。

黄花菜鸡汤

〜〜 2人份 ⏱ 50分钟

原料

鸡肉100克,干黄花菜50克,植物油、姜片、酒酿、盐各适量。

做法

❶ 干黄花菜用温水浸泡30分钟, 去蒂头, 换水洗净。

❷ 鸡肉洗净, 切丝。

❸ 将植物油放入锅中, 放入鸡丝、姜片、酒酿一起炒, 八成熟时加黄花菜、适量水, 放入锅中炖, 小火炖至熟烂, 加盐即可。

在此汤中加入黑木耳、金针菇等食材, 营养更多, 口感更丰富。

ᑕ 滋补随心搭 ᑐ

养生功效

• 鸡肉有益五脏、补虚损、健脾胃、强筋骨的功效, 而且蛋白质含量丰富, 可以提升人的抗病能力, 此汤特别适合体力劳动者食用。

羊排骨粉丝汤

强筋健骨
滋补强身

〰〰 2 人份　⏱ 1 小时

原料

羊排骨 150 克，粉丝 20 克，葱花、姜片、醋、香菜、盐各适量。

做法

❶ 羊排骨洗净，切块；香菜择洗干净，切小段；粉丝用沸水浸泡。

❷ 油锅烧热，放入羊排骨段煸炒至干，加醋、姜片、葱花，倒入适量水，大火煮沸后，撇去浮沫。

❸ 转小火焖煮至羊排骨熟烂，加入粉丝，撒上香菜，加盐调味，煮沸即可。

养生功效

＊羊排骨性温，有补肾、强筋骨等功效，适合虚劳过度、腰膝无力的人食用。

如果使用的是高压锅，可以节省煲汤时间，煲好的羊排骨肉质也会更酥烂。

〜 煲汤更好喝 〜

灵芝蜜枣老鸭汤

滋补肝肾
润肠通便

〰〰 2 人份　⏱ 3 小时 30 分钟

原料

老鸭半只，灵芝 20 克，蜜枣 6 颗，陈皮 3 克，料酒、盐各适量。

做法

❶ 将老鸭宰杀洗净，放入沸水锅中，加入料酒氽过待用；将灵芝、蜜枣、陈皮洗净。

❷ 锅中加适量水，放入老鸭、灵芝、蜜枣、陈皮，大火煮开，用中火煲约 3 小时后加盐调味。

❸ 待鸭肉酥烂，汤汁鲜醇，各食材的味道融合在一起即可出锅。

养生功效

＊灵芝滋补肝肾，阴虚体弱的人可以多喝。
＊蜜枣含有丰富的糖分和维生素 E，可顺肠通便。

氽水时要去除浮沫，也可将氽过水的鸭肉过水冲洗，残留杂质过多，会让汤的口感变苦变涩。

〜 滋补随心搭 〜

香菜鲈鱼汤

开胃消食
健脾宽中

🍲🍲 2人份　⏱ 2小时30分钟

原料

香菜100克，鲈鱼1条，柠檬1个，盐适量。

做法

❶ 鲈鱼去鳞，去内脏，去鳃，洗净，切块；香菜洗净，切段。

❷ 柠檬对半切开，挤出柠檬汁，淋在鲈鱼身上，腌制20分钟。

❸ 鲈鱼放入瓦罐内，加适量清水，盖上瓦罐盖，放入锅中，隔水炖2小时，撒上香菜，加盐调味即可。

养生功效

＊鲈鱼富含蛋白质，可以增强人体的抗毒能力，适合体力劳动者食用。

鲈鱼与豆腐是很搭的两种食材，给汤品加适量的豆腐，汤品丰富，营养更足。

～煲汤更好喝～

桂圆黄芪牛肉汤

滋补强体
强健筋骨

🍲🍲 2人份　⏱ 2小时

原料

牛肉300克，黄芪3克，桂圆肉20克，盐、料酒各适量。

做法

❶ 牛肉洗净，顺纹路切成片状。

❷ 倒入料酒和牛肉片汆水，撇除浮沫和血水，捞出。

❸ 砂锅中加足量清水，放入牛肉片、桂圆肉、黄芪，大火煮沸后转小火炖90分钟左右，待牛肉和桂圆软硬适中时调入盐，即可关火出锅。

养生功效

＊桂圆有滋补强体、养血壮阳、润肤美容的功效。
＊黄芪有增强免疫力、保肝、利尿、抗衰老、降压的功效。

煲汤时，要选大小均匀、外壳良好、枝干细小、肉质厚软的桂圆，味道更甜。

～煲汤更好喝～

久站工作者

长时间站立可能会诱发静脉曲张，会造成背后疼痛，对脚的影响也非常大，严重时甚至会出现四肢痉挛的症状。煲些含钙量丰富的滋补汤，可以缓解久站工作者疲劳的状态。

推荐食材:豆腐、羊肉、猪腰、益母草、透骨草等。

鲶鱼豆腐汤

强筋壮骨
促进消化

🍴 2 人份　⏱ 1 小时

原料

鲶鱼 1 条(1000 克左右),豆腐 200 克,植物油、料酒、姜片、盐、鸡精、白胡椒粉、葱花各适量。

养生功效

* 鲶鱼含有丰富的蛋白质和脂肪,对体弱虚损、营养不良之人有较好的食疗作用。
* 豆腐高蛋白、低脂肪,具有降血压、降血脂、降胆固醇的功效。

做法

① 鲶鱼活杀,清理干净后切成小段,加料酒和姜片腌制 15 分钟。

② 豆腐切成正方小块。

③ 汤锅入油,大火烧热,先下姜片煸香,然后下入鱼块翻炒至断生。

④ 加九分满的水,盖上盖子,大火煮沸后转小火,炖 30 分钟。

⑤ 炖至汤色奶白时开盖,加入盐。

⑥ 下入豆腐再煮 3~5 分钟,关火后加鸡精、白胡椒粉调味,最后撒上葱花即可。

鱼要新鲜活杀、清理干净,用料酒、姜片腌制去腥,煮出来的汤味才够鲜甜。

🥘 煲汤更好喝

羊肉冬瓜汤

利水消肿
补虚养身

〰〰〰 3人份 ⏱ 1小时

原料

羊肉100克，冬瓜300克，香油、葱花、姜片、盐各适量。

做法

① 冬瓜去皮、瓤，洗净，切成薄片；羊肉洗净，切块，用盐、葱花、姜片拌匀腌制5分钟。

② 油锅烧热后放入葱花、姜片炝锅，下冬瓜片略炒，加适量清水，加盖烧开。

③ 向烧开的锅中加入腌制好的羊肉块，煮熟后淋上香油即可。

养生功效

＊羊肉冬瓜汤很适合冬天补虚养身，而且其有利水消肿的功效，对于久站者也颇为有益。

在汤里加入白芷可以更好地去除羊肉的膻味，煲汤效果更佳。

⌒ 滋补随心搭 ⌒

油菜香菇汤

理气开胃
消肿散血

〰〰 2人份 ⏱ 20分钟

原料

油菜心100克，鲜香菇30克，盐、香油各适量。

做法

① 油菜心洗净，从根部剖开；鲜香菇洗净。

② 油锅烧热，放入油菜心煸炒，再加入适量水，放入香菇、盐，大火煮几分钟，最后淋上香油即可。

养生功效

＊油菜与香菇同食，可理气、消肿、散血、开胃，有利于久站工作者活血，防治静脉曲张。

香菇本身有独特的气味，建议在食材准备阶段焯一下水去味。

⌒ 滋补随心搭 ⌒

冬笋腰片汤

补肾强腰
强筋壮骨

♪♪ 2人份 ⏱ 40分钟

原料

豆腐皮100克，猪腰600克，蘑菇15克，冬笋50克，清汤、葱段、姜片、料酒、盐、酱油各适量。

做法

❶ 猪腰切薄片，加葱段、姜片、料酒，拌匀后用水浸泡10分钟。

❷ 冬笋切薄片；蘑菇洗净；腰片入沸水汆。

❸ 锅中清汤煮沸，再将豆腐皮、蘑菇、笋片、腰片、葱段、姜片放入锅中，至再次煮沸，加盐、酱油调味即可。

养生功效

* 猪腰性平，有补肾、强腰等功效。
* 冬笋性微寒，能滋阴凉血、和中润肠。

猪腰是很好的滋补食材，可以和黑木耳搭配食用，同样具有强身健骨的功效。

♪ 滋补随心搭 ♪

南瓜红枣排骨汤

补脾和胃
滋阴调燥

♪♪ 2人份 ⏱ 2小时

原料

排骨200克，南瓜150克，红枣10颗，盐适量。

做法

❶ 南瓜去皮切小块；红枣洗净；排骨洗净，切大块，放入开水中煮片刻，拿出来用清水冲洗干净，沥干水，备用。

❷ 砂锅中注入清水，加入排骨块，大火煮开后，转中火煮半小时，再将南瓜块、红枣放入。

❸ 大火煮开，转小火（汤一定要保持在微滚的状态），再煮40分钟，待南瓜熟透，红枣微微裂开，放盐调味即可。

养生功效

* 此汤营养丰富，南瓜补中益气，红枣补脾补血，排骨有滋阴润燥的功效。

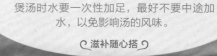

煲汤时水要一次性加足，最好不要中途加水，以免影响汤的风味。

♪ 滋补随心搭 ♪

冬瓜炖猪蹄

润泽皮肤
调节代谢

〰〰 2 人份　🕙 2 小时 30 分钟

原料

□ 猪蹄500克，冬瓜300克，料酒、盐各适量。

做法

❶ 冬瓜洗净切滚刀块后备用；猪蹄剁圈状，加入料酒氽水，用勺子撇去浮沫，捞出冲洗干净。

❷ 锅中添足量水，下入猪蹄圈大火烧开，小火慢炖2小时，再加入冬瓜块。

❸ 大火煮开后转小火炖10分钟，调入盐即可出锅。

养生功效

＊冬瓜具有润泽皮肤、调节人体代谢、增强免疫力的功效。

＊猪蹄具有补虚弱、填肾精等功效。

炖汤的猪蹄选用猪后脚，骨头大而多，肥肉和筋也多，钙质和胶原蛋白丰富。

～ 煲汤更好喝 ～

清补鸡汤

强身健体
大补元气

〰〰〰 3 人份　🕙 2 小时

原料

⌈ 柴鸡1只，人参须3只，红枣、姜片、料酒、
⌊ 盐各适量。

做法

❶ 柴鸡去内脏，洗净，切块，在开水中氽一下去腥味；红枣洗净；人参须洗净。

❷ 将鸡块、红枣、姜片、人参须一同放入砂锅，加适量水和料酒，大火煮开后小火炖煮。

❸ 鸡肉烂熟时加盐即可起锅。

养生功效

＊鸡肉有温中益气、健脾胃、活血脉、强筋骨的功效。

＊人参有大补元气、安神益智的功效。

可以把红枣替换成枸杞来煲汤，枸杞提鲜效果更好，且不会有过多的甜味。

～ 滋补随心搭 ～

电脑族

整天对着屏幕的电脑族大多会感到眼睛疲劳、肩酸腰痛、颈部不适等。煲汤时可用富含β-胡萝卜素、膳食纤维且水分丰富的蔬菜煲汤，但要忌食高糖、高脂肪的食物。

推荐食材:菠菜、番茄、胡萝卜、冬瓜等。

菌菇菠菜蛏子汤

养肝补铁
保护视力

🍜🍜 2人份 ⏱ 30分钟

原料

蛏子500克，菠菜200克，白灵菇100克，姜片、植物油、盐、鸡精、白胡椒粉各适量。

养生功效

* 菠菜含多种维生素、矿物元素以及膳食纤维，可益视力、补血气，加上高蛋白质的蛏子和富含氨基酸的白灵菇，此汤营养极高，适合电脑族补充眼部营养。

做法

❶ 蛏子用清水养半天，可在水面滴几滴油，或者在水中加半勺盐，使其吐尽泥沙。

❷ 菠菜去蒂洗净。

❸ 白灵菇剪去根部，洗净备用。

❹ 汤锅加水煮沸，下入蛏子煮至再次沸腾后捞出。

❺ 汤煲加入约大半锅水，下入姜片和植物油，水沸时下入蛏子和白灵菇，煮至再次沸腾。

❻ 最后下入菠菜，再煮1分钟左右关火，加盐、鸡精、白胡椒粉调味即可。

此汤不宜久煮，所有食材煮熟即可。蛏子久煮肉会变老，菠菜久煮会损失营养成分。

╰ 煲汤更好喝 ╮

番茄鱼片汤

抗辐射
延缓衰老

🍴🍴 2人份　⏱ 50分钟

原料

草鱼肉200克,番茄2个,葱花、姜片、料酒、盐、胡椒粉、干淀粉各适量。

做法

❶ 草鱼肉切片,加干淀粉、盐、胡椒粉、料酒抓匀,腌制30分钟;番茄去皮切块。

❷ 将葱花、姜片煸香,放入番茄炒烂,加水煮至汤变浓稠。

❸ 放入鱼片,待鱼片变熟,加盐调味。

养生功效

* 番茄有抗辐射、提高免疫力、延缓衰老的功效。
* 草鱼有益眼明目的功效,适合眼睛疲劳的电脑族食用。

鱼肉可以多样化选择,草鱼和柴鱼是最优选择,但不管是什么鱼都一定要是新鲜的。

煲汤更好喝

菠菜胡萝卜汤

清肝明目
抵抗辐射

🍴🍴 2人份　⏱ 30分钟

原料

菠菜段、胡萝卜片各50克,鸡蛋1个,酱油、香油、盐、葱花、胡椒粉和植物油各适量。

做法

❶ 锅中倒油烧热,下葱花、胡萝卜片翻炒,倒入酱油和适量水烧开,再倒入打散的鸡蛋液,放菠菜略煮。

❷ 加盐、胡椒粉,最后淋上香油即可。

养生功效

* 菠菜能养血、止血、润燥;胡萝卜能有效保护人体细胞免受损害。此汤非常适合经常头昏眼花、双目干涩、视力减退的电脑族长期饮用。

菠菜易烂,所以煮的时间不宜过长,一般情况下,沸腾后应该立刻盛出。

煲汤更好喝

胡萝卜炖牛肉

〽〽 2人份 ⏲ 1小时

原料

牛里脊肉250克，胡萝卜120克，植物油、葱段、姜片、八角、酱油、料酒、盐各适量。

做法

❶ 将牛里脊肉洗净，切块；胡萝卜洗净，切块。

❷ 油锅烧热，放入葱段、姜片煸炒出香味，再放入肉块煸炒片刻。

❸ 然后放入八角、料酒、酱油、盐及适量水，开大火煮至水开，改小火炖至肉八成熟，加入胡萝卜炖熟即可。

想做出美味的牛肉，需要小火慢炖。为了让牛肉更容易煮烂，可以在煲汤时放一个山楂。

❝ 煲汤更好喝 ❞

养生功效

* 牛里脊肉和胡萝卜同食，不但可以强身健体，补虚暖胃，还能起到养护眼睛的作用。

莲藕鸡汤

〽〽〽 3人份 ⏲ 2小时

原料

莲藕200克，老母鸡1只，红枣、姜片、大葱段、盐、料酒各适量。

做法

❶ 老母鸡去内脏，洗净，切块；莲藕洗净，切块；红枣洗净，去核切块。

❷ 鸡块用料酒、盐腌制片刻。

❸ 将鸡块、莲藕放入砂锅，再加入红枣、大葱段、姜片、料酒，大火烧开后用小火炖煮。

❹ 食材全熟时加盐调味即可。

莲藕要挑选外皮呈黄褐色、肉肥厚而白的，这样的莲藕鲜嫩、口感好。

❝ 煲汤更好喝 ❞

养生功效

* 鸡肉和莲藕同食，具有温中益气、滋补养身、健脾胃、强筋骨的功效。

润泽肌肤
提高免疫力

冬瓜炖鸡爪

〰 2人份 ⏱ 1小时

原料

鸡爪250克，冬瓜100克，植物油、葱段、姜末、高汤、盐各适量。

做法

❶ 鸡爪剪去爪尖洗净；冬瓜洗净，去皮，切片。

❷ 油锅烧热，下葱段、姜末煸炒几下，加入鸡爪翻炒，再加高汤，大火煮开后改小火炖煮。

❸ 约15分钟后放入冬瓜，继续炖至食材熟烂，出锅前加盐调味即可。

养生功效

* 冬瓜与鸡爪搭配食用，可以润泽肌肤，还能增进肠胃蠕动，达到排毒的目的，也有增强身体免疫力的功效。

鸡爪在烹制之前，可以加入山楂片腌制片刻，能有效去除腥味。

〜 煲汤更好喝 〜

利尿明目
滋阴润燥

荸荠胡萝卜瘦肉汤

〰 2人份 ⏱ 40分钟

原料

瘦肉100克，胡萝卜50克，荸荠30克，盐、胡椒粉各适量。

做法

❶ 瘦肉切片，汆水撇掉浮沫；荸荠削皮后对半切开；胡萝卜切滚刀块。

❷ 砂锅中加入适量清水(高汤)，加入瘦肉片、胡萝卜块、荸荠。

❸ 大火煮开后转小火慢炖20分钟，加盐调味，再炖上5分钟，最后加少许胡椒粉调味即可出锅。

养生功效

* 荸荠具有清心泻火、润肺凉肝、消食化痰、利尿明目等功效。

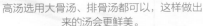
高汤选用大骨汤、排骨汤都可以，这样做出来的汤会更鲜美。

〜 煲汤更好喝 〜

经常熬夜者

　　熬夜会对身体造成多种损害：疲劳、精神不振、免疫力下降、皮肤粗糙等。给熬夜者煲汤时，可以选择豆类食材和富含维生素A的食物。同时，熬夜者也要注意保养自己的皮肤。

推荐食材:薏米、花生、红枣、白芷、木瓜、黑豆、土豆、猪肉等。

抗疲劳
增强免疫

秋梨苹果排骨汤

〰️ 2 人份　⏱ 50 分钟

原料

排骨4根，苹果、梨各1个，姜片、盐、鸡精各适量。

养生功效

* 排骨营养丰富，常食可滋阴润燥，益精补血。
* 苹果富含维生素C，能提高人体免疫力、抗疲劳，适合熬夜加班的人饮用。

做法

❶ 排骨洗净，剁成3厘米左右长的小段。

❷ 过沸水汆至断生，捞出备用。

❸ 将排骨、姜片倒入汤煲中。

❹ 加入约九分满的水，盖上盖子，大火煮沸后转小火，炖1小时，至汤色淳白。

❺ 苹果、梨去皮、去核、切大块。

❻ 下入汤煲中，盖上盖子，大火煮沸转小火再煮2分钟即可，关火后加盐、鸡精调味。

盐应在最后放入，否则肉质变老，
同时水果的甜味会被改变。

〰️ 煲汤更好喝 〰️

白芷鲄鱼汤

〰〰 3人份 ⏱ 30分钟

原料

白芷15克，鲄鱼1条，鸡蛋1个，生姜、胡椒粉、干淀粉、料酒、香油、盐各适量。

做法

❶ 白芷洗净；鸡蛋取蛋清；生姜洗净，切片。

❷ 鲄鱼去鳞、内脏、鳃，洗净，切块，用蛋清、胡椒粉、干淀粉、料酒、盐抓匀。

❸ 白芷和姜片放入汤锅中，加入适量水，大火煮沸，放入鲄鱼煮熟，加盐调味，最后淋上香油即可。

养生功效

* 白芷能美白肌肤、淡化斑点，还能促进皮肤细胞新陈代谢，与鲄鱼搭配可补气养血，促进皮肤血液循环，进而美白肌肤。

鲄鱼在煮汤前，可先用油煎一下，这样做可以去除腥味，煲汤的效果更佳。

◖ 煲汤更好喝 ◗

萝卜冬瓜排骨汤

〰〰 2人份 ⏱ 30分钟

原料

冬瓜50克，胡萝卜块100克，排骨块150克，植物油、姜片、盐各适量。

做法

❶ 冬瓜洗净，去皮、瓤，切块；胡萝卜洗净，切块；排骨氽水。

❷ 热锅下油，放姜片爆香，加适量水，大火烧开，放入所有食材，小火煮20分钟，出锅前加盐调味。

养生功效

* 冬瓜可清热解毒、利水消肿减肥。

* 胡萝卜含有丰富的维生素，两者与排骨搭配煮汤饮用，可改善黑眼圈、眼袋等眼部问题，适合熬夜者食用。

胡萝卜易烂，适合水开之后再放入，这样可以保证食材的完整。

◖ 煲汤更好喝 ◗

牛奶木瓜雪梨汤

抗衰老
促进代谢

~~ 2 人份　🕐 1 小时 10 分钟

原料

鲜牛奶 500 毫升，木瓜、雪梨各 1 个，蜂蜜适量。

将木瓜和雪梨去皮挖成球状，这样煲汤时的口感更佳，而且汤的颜值更高。

╭ 煲汤更好喝 ╮

做法

❶ 木瓜、雪梨切块。

❷ 木瓜和雪梨放入瓦罐内，加入鲜牛奶，盖上盖，隔水炖 1 小时，放凉后，加蜂蜜调味。

养生功效

✳ 牛奶有美容养颜、抗衰老的功效。
✳ 木瓜有健脾消食的作用。
✳ 梨具有生津，润燥，清热，化痰作用。

苦瓜排骨汤

明目解毒
益气壮阳

~~ 2 人份　🕐 1 小时 40 分钟

原料

排骨 200 克，苦瓜 1 根，黄豆 50 克，盐、姜片各适量。

黄豆可提前浸泡 6 个小时，更容易煮烂；苦瓜要最后放，不要煮太久。

╭ 煲汤更好喝 ╮

做法

❶ 苦瓜洗净去头尾和瓤，横切成圈，再焯水，水里放 1 茶匙盐；排骨余水撇去浮沫。

❷ 砂锅中添足量水，下入排骨、黄豆、姜片，大火煮开后转小火慢炖 1 小时，煮至排骨较软，倒入苦瓜圈。

❸ 用小火煮 20 分钟左右，煮至苦瓜和排骨酥软，加盐调味，即可出锅。

养生功效

✳ 苦瓜有清热祛暑、明目解毒、降压降糖、利尿凉血、解劳清心的功效。

红枣鸽子汤

🥢🥢 2人份　🕐 1小时20分钟

原料

鸽子1只,红枣10颗,枸杞、姜片、葱段、
盐各适量。

做法

❶ 鸽子杀好去内脏洗净,汆水,撇去浮沫后
冲洗干净。

❷ 另取砂锅,下入鸽子、红枣、葱段、枸杞、姜片。

❸ 大火煮开后转小火慢炖1小时,调入盐,
继续煮10分钟,待盐入味即可出锅。

炖鸽子的时间要根据鸽子原材料来调整,
鸽子越老炖的时间越长。

⟡ 煲汤更好喝 ⟡

养生功效

* 鸽子汤有大补元气的功效,对于经常熬夜者、
体力劳动者、夜班工作者都有很好的调养作用,
有利于保持精力充沛。

桃仁莲藕汤

🥢🥢 2人份　🕐 20分钟

原料

核桃15克,莲藕200克,红糖适量。

做法

❶ 莲藕洗净切片;核桃在料理机中打成小
颗粒。

❷ 将莲藕、核桃放入锅中加适量水熬成汤。

❸ 出锅前加红糖调味即可。

本汤品中的核桃也可以用腰果来代替,口感
和营养不减。

⟡ 滋补随心搭 ⟡

养生功效

* 核桃有活血祛瘀,润肠通便,止咳平喘的功效。
* 莲藕能增进食欲,促进消化,与核桃同食可活
血养颜,健脾开胃。

外食族

　　大都市年轻白领居多，工作繁忙，经常在外就餐，在不知不觉中吸收了太多油脂和热量。因此，经常外食的人应清淡饮食，多食用蔬菜汤，帮助清除体内毒素的同时，还能减轻消化系统的负担，更有利修身养颜。

推荐食材:冬瓜、荷叶、乌梅、黑木耳、苋菜等。

冬瓜荷叶薏米汤

清脂纤体
清热排毒

🍜 2人份 ⏱ 30分钟

原料

薏米100克，冬瓜200克，干荷叶10克，冰糖适量。

养生功效

* 冬瓜清热解毒、利尿消暑。
* 荷叶同样可以清热解毒，有辅助解酒毒的功效。
* 薏米的维生素和矿物质含量丰富，可以美容。

做法

❶ 薏米淘洗干净。

❷ 薏米用清水浸泡至涨发。

❸ 冬瓜去皮、去籽，切成方形厚片。

❹ 取一汤煲，下入冬瓜、荷叶、薏米和冰糖。

❺ 加入水至九分满。

❻ 盖上盖子，大火煮沸后转小火，煮20分钟即可。

此汤加适量的冰糖口感更佳，如作减肥食用，可不加冰糖。

🍵 煲汤更好喝

乌梅银耳红枣汤

排毒解酒
清除口气

🥢 1人份　🕐 1小时

原料

乌梅、干银耳各20克，红枣100克，冰糖适量。

做法

❶ 乌梅、红枣浸泡好后洗净。

❷ 干银耳提前用温水浸泡2小时左右，去蒂，洗净。

❸ 锅中倒水，将乌梅、红枣、银耳放入锅中，小火炖1小时，放冰糖调味即可。

养生功效

* 乌梅不仅是年轻人爱吃的小零食，也是排毒解酒的好食物，对清除口气也有很好的效果。
* 银耳有益气清肠的功效。
* 红枣可健脾益胃。

将冰糖替换成蜂蜜调味，口感会更好。

꒰ 煲汤更好喝 ꒱

黄瓜木耳汤

净化血液
排出毒素

🥢🥢 2人份　🕐 20分钟

原料

黄瓜150克，黑木耳20克，盐和植物油适量。

做法

❶ 黄瓜洗净，切成丁。

❷ 黑木耳提前用凉水浸泡6小时左右，洗净，去蒂，撕小块。

❸ 油锅烧热，放入黑木耳块翻炒，加适量水煮沸。

❹ 倒入黄瓜块，加适量盐调味即可。

养生功效

* 黄瓜含有维生素C、钾、镁等营养素，黑木耳富含可溶性膳食纤维和铁，二者热量低，有利于纠正经常吃外卖造成的热量摄入过高。

把黄瓜换成香菇，香菇木耳汤也具备滋补功效，可以补气补虚、消积食。

꒰ 滋补随心搭 ꒱

消炎利喉
排除毒素

鱼丸苋菜汤

🥢🥢 2人份 ⏱ 30分钟

原料

☐ 苋菜100克，鱼丸10个，枸杞、盐各适量。

做法

❶ 苋菜洗净，择成小片。

❷ 锅中加适量水，放入苋菜、鱼丸、枸杞同煮成汤，加盐调味即可。

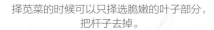

择苋菜的时候可以只择选脆嫩的叶子部分，把杆子去掉。

〜 煲汤更好喝 〜

养生功效

* 苋菜有润胃肠、清热的功效，其含有的铁和维生素 K，可以促进凝血，其富含的维生素 C 还具有消肿利咽的作用。

利尿解毒
排除毒素

黄豆芽肉丝汤

🥢🥢 2人份 ⏱ 30分钟

原料

☐ 黄豆芽120克，猪肉80克，粉丝50克，料酒、盐、鸡精各适量。

做法

❶ 黄豆芽洗净，择好；猪肉洗净，切丝；粉丝泡好。

❷ 用料酒和盐把猪肉稍微腌制一会儿。

❸ 锅中加适量水，加入黄豆芽和猪肉丝，大火煮开后改小火熬煮成汤，加入粉丝稍煮。

❹ 最后加盐、鸡精调味即可。

挑选黄豆芽的时候，要选择芽秆挺直稍细、芽脚不软、脆嫩、光泽的豆芽。

〜 煲汤更好喝 〜

养生功效

* 黄豆芽和猪肉，荤素搭配，营养均衡，可利尿解毒、促进排便。

芹菜竹笋肉丝汤

促进消化
排除毒素

2人份　⏱ 30分钟

原料

芹菜100克，竹笋、猪肉丝、盐、干淀粉、高汤、料酒各适量。

做法

❶ 芹菜择洗干净，切段；竹笋洗净，切丝；猪肉丝用盐、干淀粉腌5分钟。

❷ 高汤倒入锅中煮开后，放入芹菜、笋丝，加适量清水煮至芹菜软化，再加入肉丝。

❸ 待汤煮沸加入料酒，肉熟透后加入盐调味即可。

养生功效

＊芹菜含有大量的膳食纤维，可促进消化。

＊常食竹笋有助降减少内多余脂肪，还可降压。

竹笋还可以和冬瓜一起煲汤，具有利水益气、清热化痰的功效。

◝ 滋补随心搭 ◜

鲫鱼丝瓜汤

提高免疫力
清热解毒

2人份　⏱ 40分钟

原料

鲫鱼1条，丝瓜30克，姜片、盐各适量。

做法

❶ 鲫鱼去鳞、鳃、内脏，洗净，切块。

❷ 丝瓜去皮，洗净，切段。

❸ 锅中加适量水，丝瓜段和鲫鱼块一起放入锅中，再放姜片、盐，大火煮沸后转小火慢炖至鱼熟即可。

养生功效

＊丝瓜具有除热利肠的功效，适合外食者食用。

＊鲫鱼蛋白质含量丰富，易于消化，常吃可以增强人体抵抗力。

可以在炖鲫鱼之前，把鲫鱼放入锅里翻炒，加料酒、盐、醋去味。

◝ 煲汤更好喝 ◜

备考一族

考试期间，考生的大脑对蛋白质、不饱和脂肪酸、磷脂、维生素C等营养素的需求比平时增多。同时，富含卵磷脂和DHA的食材也适合用来煲汤。注意整体饮食不宜过于油腻。

推荐食材：荠菜、菠菜、皮蛋、鲫鱼、核桃、豆腐、牛奶、黄鱼、鸡肉、排骨等。

凉血除湿
清热解毒

皮蛋豆腐鳝鱼汤

♪♪ 2人份　⏱ 1小时30分钟

原料

鳝鱼500克，皮蛋2个，内酯豆腐1盒，姜片、料酒、植物油、盐、鸡精、葱丝各适量。

养生功效

* 常食鳝鱼可清热解毒、凉血止痛、祛风消肿。
* 皮蛋可泻肺热、祛肠火。
* 豆腐能宽中益气、生津润燥。

做法

① 鳝鱼去肠剔骨，洗净，斜切成约3厘米长的小段，加入姜片和料酒拌匀，腌制30分钟。

② 皮蛋剥壳切成瓣状。

③ 内酯豆腐切小块。

④ 汤锅入油，大火烧至八成热时转小火，先下入姜片煸香，转大火，下入鳝鱼段爆炒至断生。

⑤ 加水至八分满，焖煮至沸腾转小火，炖20分钟。

⑥ 加盐，下皮蛋，再煮10分钟，至汤色淳白，最后下豆腐，煮沸时关火，加入鸡精，起锅撒入葱丝即可。

清洗鳝鱼表皮上那一层黏液，可在鱼身表面抹上一层粗盐用手揉搓。

⌒滋补随心搭⌒

虾肉奶汤羹

安神养眠
健脑壮骨

〰〰 2人份 ⏱ 30分钟

虾250克，胡萝卜、西蓝花各50克，牛奶、葱花、姜片、盐各适量。

做法

❶ 虾去掉肠线，剥出虾仁，洗净。

❷ 胡萝卜洗净切片；西蓝花洗净切小块。

❸ 锅内放入葱花、姜片、胡萝卜片、西蓝花块、牛奶，加盐调味，大火煮沸后，加入虾仁，再煮10分钟即可。

在虾汤里放入柠檬、蘑菇后，还可以做成风味十足的泰式柠檬虾汤。

〰 煲汤更好喝 〰

养生功效

＊虾性温，适宜身体虚弱和精神衰弱者食用。
＊胡萝卜性平，有健脾、补血等功效。
＊西蓝花性凉，有健脑壮骨、补脾和胃等功效。

荠菜豆腐羹

养肝明目
滋阴润燥

〰〰 2人份 ⏱ 30分钟

原料

嫩豆腐250克，荠菜150克，水面筋、胡萝卜、熟笋、水发香菇、鲜汤、植物油、水淀粉、盐、香油、味精、姜末各适量。

做法

❶ 嫩豆腐切成小丁；香菇去蒂，洗净后切成小丁；胡萝卜洗净，切成小丁后焯熟；荠菜洗净，切成细末；熟笋、面筋切成丁。

❷ 炒锅下油，烧至七成熟，放入盐、鲜汤、嫩豆腐丁、香菇丁、胡萝卜丁、荠菜丁、熟笋丁、面筋丁，再加入味精、姜末烧开，用水淀粉勾芡，出锅前淋入香油，起锅装入大汤碗即成。

可以在放荠菜之前加入适量的鸡丝或鱼丝，让汤味更鲜。

〰 滋补随心搭 〰

养生功效

＊荠菜凉肝明目，豆腐滋阴润燥，此汤具有清热解毒、降压明目的功效，适合考生食用。

雪菜黄鱼汤

健脾开胃
醒脑提神

♪♪ 2人份　🕐 1小时

原料

黄鱼1条, 雪菜30克, 生姜、植物油、料酒、白胡椒粉、盐各适量。

做法

❶ 黄鱼去鳞, 去内脏, 去鳃, 洗净, 切块。

❷ 雪菜洗净, 切段; 生姜洗净, 切丝。

❸ 油锅烧热, 放入黄鱼, 两面煎至金黄, 加入适量清水和料酒, 放入雪菜、姜丝, 大火煮沸转小火煲30分钟, 加盐, 撒上白胡椒粉即可。

养生功效

* 黄鱼有健脾开胃、益气的作用。
* 雪菜有提神醒脑、开胃消食的功效。

雪菜的味道很鲜, 建议在品尝过后根据喜好适当添加调料。

～ 煲汤更好喝 ～

核桃乌鸡汤

健脑益智
强身健体

♪♪ 2人份　🕐 1小时

原料

乌鸡半只, 核桃4颗, 枸杞、葱花、姜片、料酒、盐各适量。

做法

❶ 乌鸡洗净切块, 入水煮沸, 去浮沫。

❷ 锅内加水, 放入鸡块, 加核桃、枸杞、料酒、葱花、姜片同煮。

❸ 开后转小火, 炖至肉烂, 加盐调味即可。

养生功效

* 核桃中含丰富的锌, 具有健脑益智的功效。
* 乌鸡中蛋白质含量丰富, 可以强壮体质。

可以把核桃替换成西洋参和红枣, 具有补气安神的功效。

～ 滋补随心搭 ～

鲜菌奶白鲫鱼汤

消除疲劳
增强免疫

〜〜 2人份　🕐 1小时

原料

鲫鱼1条，菌菇100克，小葱、生姜、盐和植物油各适量。

做法

❶ 菌菇切小块，用盐水浸泡几分钟后沥干；小葱切段；生姜切丝；鲫鱼处理干净，加盐腌制15分钟。

❷ 油锅烧热，爆香葱段和姜丝，下入鲫鱼煎至两面金黄。

❸ 另起砂锅，下入煎好的鲫鱼，加入没过鱼的水量，大火烧开，加入菌菇块，转中小火慢炖20分钟，出锅时放盐即可。

养生功效

* 菌菇能促进新陈代谢，有提高人体免疫力。

煮汤应该加入开水，盐不可早下，炖煮的时间要够长，汤色才能如牛奶般醇厚。

〜 煲汤更好喝 〜

鸡蓉大白菜汤

促进消化
健脑益智

〜〜 2人份　🕐 30分钟

原料

大白菜200克，鸡胸肉150克，胡萝卜50克，料酒、香油、姜汁、葱汁、盐、干淀粉、香菜各适量。

做法

❶ 鸡胸肉洗净，斩成细蓉泥；胡萝卜洗净，切成细条；大白菜洗净切段。

❷ 将鸡肉蓉、干淀粉、盐、料酒、葱汁、姜汁放入碗中，顺一个方向搅匀上劲。

❸ 锅中烧开水，将鸡蓉下入锅中，用勺子轻轻翻动，加入大白菜、胡萝卜，煮至烂熟，加盐、香油调味，撒香菜即可。

养生功效

* 鸡肉能为身体提供优质蛋白，可以健脑。

白菜和荤菜的搭配，味道总是异常鲜美，和火腿的搭配也不例外，吃起来又鲜又嫩。

〜 滋补随心搭 〜

菠菜鱼片汤

🍜 2人份 ⏱ 40分钟

原料

鲫鱼250克，菠菜100克，植物油、葱花、姜片、盐、料酒各适量。

做法

❶ 将鲫鱼处理干净，鱼肉切成薄片，加盐、料酒腌10分钟。

❷ 菠菜洗净，切段，用开水焯一下。

❸ 油锅烧热，加葱花、姜片爆香，放入鱼片煎一下，加适量水，焖至鱼肉快熟时加菠菜段继续焖片刻，加盐调味即可。

养生功效

＊菠菜和鱼片同食，具有营养开胃、补血补钙、辅助消化的功效。

煮鱼片的时候用小火，这样利于保持鱼片的完整性。

煲汤更好喝

黄豆芽炖排骨

🍜 2人份 ⏱ 1小时

原料

排骨500克，黄豆芽200克，葱丝、盐、白胡椒粉各适量。

做法

❶ 排骨洗净，切段，在开水中汆一下捞出；黄豆芽洗净，择好。

❷ 另起一锅，加适量水，放入排骨，加葱丝炖煮，大火煮开后改小火炖。

❸ 约1小时后，加入黄豆芽继续炖煮。

❹ 最后加白胡椒粉、盐调味即可。

养生功效

＊排骨和黄豆同食，具有健脾养血、健脑益神的功效，可以缓解用脑过度造成的各种疲劳症状。

用小火慢慢炖煮效果更佳，黄豆芽一定要炖到熟烂才好吃。

煲汤更好喝

PART7

赶走亚健康

感冒

感冒俗称"伤风"，是风邪裹挟寒邪，或热邪侵袭人体所致的呼吸道疾病之一。感冒的发生主要由于体虚，抗病能力减弱。当气候剧变时，人体不能适应，邪气乘虚由皮毛、口鼻而入，引起一系列肺部症状。感冒患者宜喝大量白开水，吃新鲜蔬菜。

饮食宜忌

⊘ 宜增加蔬菜的摄入。蔬菜中富含的维生素C可防止病毒等微生物的繁殖。

⊘ 宜补充蛋白质。蛋白质可以增强机体抵抗力，抵抗感冒病毒。

⊗ 忌食荤腥油腻的食物。猪肥肉、肥肠富含饱和脂肪酸，感冒时人体消化机能减弱，此时吃油腻食物容易引发消化不良。

⊗ 忌食过咸的食物。过咸的食物会减少唾液分泌，口腔内溶菌酶的含量也相应减少，这就为病毒在上呼吸道黏膜生存创造了条件。

⊗ 忌食辛辣食物。刺激性食物，会让胃肠道功能紊乱，甚至会引发恶心呕吐。

生姜性辛温，能发汗解表，祛风散寒，适用于风寒感冒轻证。

〰 羊腿姜汤 〰

推荐食材

绿豆、生姜、大葱、金银花、番茄、黄瓜、荷叶、冬瓜等都是非常理想的治愈感冒的食材。

绿豆中钾、磷以及维生素、蛋白质含量较高，有助于碳水化合物正常代谢，维持消化功能良好；有清热去火的功效。

绿豆

生姜有抗氧化作用，可清除身体内的自由基。生姜味辛，性微温，入肺、脾、胃经，有解表散寒、化痰止咳的功效。

生姜

大葱白味辛，性温，入肺、胃经，有通阳、解毒、杀虫的功效，对感冒风寒很有疗效。

大葱

羊肉脂肪、胆固醇含量较少，而且肉质细嫩，容易消化，可以提高身体素质，预防感冒。

羊肉

生姜葱白红糖汤

🥄 1人份　⏱ 15分钟

原料

☐ 葱白25克，生姜20克，红糖适量。

此汤也可作茶品饮用。生姜和红茶搭配可
以解毒、消炎、暖胃。

╭ 煲汤更好喝 ╮

做法

❶ 葱白洗净；生姜洗净，切片。

❷ 葱白和生姜片放入锅内，加一碗水煮沸。

❸ 调入红糖即可。

养生功效

* 葱白性温，有散寒、健胃、发汗、祛痰等功效。
* 生姜性温，有发汗散寒、温胃止呕、祛除寒痰等功效。
* 饮此汤可祛风寒，有效缓解鼻塞、流涕等不适症状。

土豆大葱汤

🥄🥄 2人份　⏱ 30分钟

原料

☐ 土豆100克，大葱1根，黄油10克，盐、胡椒粉各适量。

汤的配料中，以大葱为主，也可以放少量的
洋葱来增加口味，但洋葱的量别太多。

╭ 滋补随心搭 ╮

做法

❶ 土豆洗净去皮、切成小块；大葱切碎。

❷ 黄油下入锅中，用小火慢慢熔化，爆香葱末。

❸ 加入土豆翻炒后加入清水，大火烧开，转小火煮15～20分钟。

❹ 土豆煮至软烂，加胡椒粉和盐调味，将土豆块捣成泥状，搅拌均匀至翻滚出小泡泡即可出锅享用。

养生功效

* 感冒期间，适当适量吃些土豆，不仅可以有助消化，还能提高免疫力。

上火

上火是一个纯中医概念，中医认为，上火是人体阴阳平衡失调的结果。感受外邪，或情志失调，或人体机能活动亢进，就会出现阴盛阳衰的热证证候。上火可能会引发或加重某些疾病，"火邪"可能会使人体内有害代谢物积滞在体内，损害肝、肾等脏器，所以应及时清除体内的热毒之邪。

饮食宜忌

- 宜增加蔬菜的摄入。上火期间的饮食要清淡，有助于降火，可用丝瓜、黄瓜等食材煲汤。
- 宜适量食用凉性食物。凉性的食物，如冬瓜、莲藕、芦笋等，多有解毒、泻火的功效。宜每天饮用1500毫升水。

- 忌食辛辣食品。这些食物不但具有很大的刺激作用，还具有"发散"作用，容易"耗气"，如大葱、生姜、大蒜、花椒、辣椒等。
- 忌食易上火的水果。桂圆、榴梿、荔枝、桃子等热量高、糖分高，会加重上火症状。忌食干果类食物。瓜子、核桃等干果会吸收体内大量的水分，不利于缓解症状。

冬瓜性凉，有止渴、清热解毒的作用；海带有泄热利水之功效。

〔 冬瓜海带排骨汤 〕

推荐食材

莲藕、黄瓜、莲子、豆腐、芹菜、冬瓜、丝瓜、芦笋等，这些都是凉性的食物，对上火症状有缓解作用。

荸荠性寒，是寒凉类水果，适合上火人群食用，有缓解上火症状的功效。

荸荠

冬瓜味甘性凉，有利尿消肿、清热解毒、清胃降火的功效，是适合上火人群食用的佳品。

冬瓜

莲藕清热凉血，生性寒凉，可以用来辅助治疗热性病症，可以去火。

莲藕

芦笋含多种蛋白质和维生素，又是凉性食物，可以祛风热烦闷。

芦笋

健脾理气
清热利水

冬瓜陈皮汤

🥢 2人份　🕐 1小时30分钟

原料

冬瓜200克,陈皮5克,干香菇5朵,香油、盐各适量。

做法

❶ 冬瓜去皮,洗净,切块;陈皮用温水浸泡5分钟,除去果皮瓤,洗净,撕条。

❷ 干香菇去蒂,用温水浸泡5分钟,洗净。

❸ 冬瓜、陈皮和香菇放入砂锅中,加入适量清水,大火煮沸转小火煲1小时,加盐和香油调味即可。

养生功效

* 冬瓜性凉,可清热降火。
* 陈皮有理气健脾、燥湿化痰的功效,能辅助去火。

若觉得此汤单调、分量不够,可以加适量的蚌肉,提升汤的鲜度。

🍲 煲汤更好喝 🍲

清热解毒
除烦通窍

冬瓜荷叶煲肉汤

🥢 2人份　🕐 2小时30分钟

原料

冬瓜500克,鲜荷叶2张,猪瘦肉250克,盐适量。

做法

❶ 冬瓜洗净,连皮切块;荷叶洗净扎好;瘦肉洗净,切块。

❷ 上述食材放入砂锅中,放适量水,大火煮沸后小火煲2小时,加盐调味。

养生功效

* 冬瓜以利水祛湿祛暑见称,瓜味鲜甜。
* 夏季亦是荷叶的旺盛生长期,清热解毒、除烦通窍,加猪瘦肉成汤有荷叶香味、猪瘦肉鲜味。

荷叶可以选用干的或者是新鲜的,但新鲜的荷叶煲出来的汤味道更清新一些。

🍲 煲汤更好喝 🍲

食欲不振

食欲不振看似不是什么大病，但是久而久之会诱发多种胃病。治病要治本，引发食欲不振的主要原因有以下几点：精神过度紧张、劳动量过大、酗酒吸烟、暴饮暴食。只要针对这几点进行调理，食欲不振这个病症很快就会药到病除。

饮食宜忌

- 宜饮食中"添香增味"。具有香味、苦味的食物，如香菜、苦瓜等，可从味觉上刺激胃液的分泌，从而提升食欲。
- 宜增加黄色食物的摄取。造成食欲不振的原因大多是胃受到了伤害，黄色食物，如南瓜、红薯等多是温养脾胃的。
- 宜注意烹调技巧的运用。色彩鲜艳、香气扑鼻、造型优美的食物，会帮助人体分泌大量消化液，从而引起旺盛的食欲。
- 忌食油腻的食物。油腻的食物如肥肉，不仅会加重肠胃负担，还会进一步影响食欲。

番茄酸甜可口，能生津止渴、健胃消食，对食欲不振有很好的辅助治疗作用。

罗宋汤

推荐食材

玉米、番茄、白萝卜、南瓜、平菇、白菜、香菜、大头菜、鲫鱼、鲈鱼、草鱼等，这些都是开胃的食材，针对食欲不振的症状很有功效。

番茄性甘、酸、微寒，有生津止渴、健胃消食的作用，可有效改善食欲不振的症状。

番茄

香菜性温、味甘，香菜辛香升散，能促进胃肠蠕动，具有和胃调中、开胃醒脾的作用。

香菜

大头菜又称榨菜属于芥菜类蔬菜，具有一种特殊的清香气味，能增进食欲，帮助消化。

大头菜

草鱼中富含不饱和脂肪酸和硒元素，对于身体瘦弱、食欲不振的人来说，食用草鱼可以开胃消食、提高食欲。

草鱼

146

滋养脾胃
生津止渴

番茄菠菜玉米汤

〜〜 2人份 ⏱ 50分钟

原料

番茄1个,菠菜、玉米粒各100克,香油、盐各适量。

做法

❶ 番茄用开水烫一下,去皮,切块;菠菜洗净。

❷ 番茄和玉米粒放入汤锅中,加入适量清水,大火煮沸转小火煲30分钟。

❸ 接着放入菠菜煮熟,加盐,最后淋上香油即可。

养生功效

* 番茄、味甘酸,有生津止渴、健胃消食的功效。
* 玉米中含有大量的膳食纤维,可刺激肠胃蠕动,加速粪便的排出。

煲汤前把菠菜放入沸水锅中焯一下,可以去除菠菜中的大部分草酸。

〜 煲汤更好喝 〜

提振食欲
益肾健脾

腌笃鲜

〜〜 3人份 ⏱ 1小时

原料

鲜笋150克,咸肉100克,豆腐100克,黑木耳30克,盐、植物油各适量。

做法

❶ 咸肉用清水浸泡几个小时,清洗干净后切小块备用;鲜笋切片;黑木耳泡发后撕小朵,豆腐切小块;笋片焯水去掉苦涩味。

❷ 锅中倒油,烧至七分热,下入咸肉爆香。

❸ 备好的鲜笋片、黑木耳、豆腐一起下入锅中,加入足量的水,大火煮开后转小火慢炖40分钟,加盐调味即可。

养生功效

* 笋有滋阴、益血、化痰、消食、利便等功效。
* 咸肉有开胃祛寒、消食等功效。

咸肉要换水多浸泡几次,去除咸味,将熟时尝一下味道,如果已有咸味,就不用加盐了。

〜 煲汤更好喝 〜

疲劳乏力

疲劳乏力是亚健康最典型的表现之一。其产生的主要原因主要是精神紧张、不良习惯、过度劳累等多种应激源的影响，导致人体神经、内分泌、免疫等系统的调节失常，最终表现为以疲劳为主的机体多种组织、器官功能紊乱的一组综合征。

饮食宜忌

- 宜增加维生素C的摄入。多食绿叶蔬菜，充足的维生素C能够帮助我们保持充沛的精力，缓解疲劳乏力的症状。因此可多食绿叶蔬菜。

- 宜补充叶酸。叶酸是人体生长发育及神经系统运行不可缺少的维生素，有利于提高学习能力，改善疲劳症状。

- 忌食糖果、饼干、烧烤食物和其他味重食物。这些食物提供的脂肪和糖会严重破坏新陈代谢系统，使人疲惫。

- 避免食用含酒精、精制糖及高脂肪的食物。

黄豆芽中的氨基酸，能有效地减少身体中乳酸的堆积，有助缓解疲劳。

番茄豆芽排骨汤

推荐食材

红豆、红枣、海参、菠菜、芹菜、胡萝卜、黄豆芽、莲子、排骨、冬虫夏草等都是可以缓解疲劳的食材。

排骨富含蛋白质和钙，可以增强体质，消除乏力。

排骨

海参所含的多糖类、蛋白质、海参素等多种营养素，有补肾益精、养血润燥、止血消炎、和胃止渴的作用，可以缓解疲劳乏力的症状。

海参

黄豆芽富含胡萝卜素、B族维生素、维生素E和尼克酸、叶酸等物质，能减少体内乳酸堆积，有助于消除疲劳。

黄豆芽

菠菜含丰富的膳食纤维、铁，有助于强身健体。

菠菜

健脾开胃 抵抗疲劳

排骨菠菜汤

〰〰 2人份 ⏱ 1小时

原料

猪骨150克,菠菜50克,火腿20克,盐适量。

做法

① 猪骨斩段,放入沸水中汆一下,捞出沥水。

② 火腿切条;菠菜洗净,切段。

③ 猪骨段放入锅内,加适量水,熬成浓汤。

④ 锅中再放入菠菜段、火腿条,煮熟后加盐调味即可

菠菜含有草酸,食用后会影响人体对钙的吸收。因此,烹饪菠菜时应该先焯水。

〰 煲汤更好喝 〰

养生功效

* 猪骨有补虚的功效。
* 火腿有健脾开胃、生津益血等功效。
* 菠菜能通肠胃、补气血。

温中益气 补虚填精

鸡片蘑菇汤

〰〰 2人份 ⏱ 50分钟

原料

鸡胸肉150克,香菇20克,秀珍菇、草菇、白玉菇各10克,枸杞、干淀粉、盐、蛋清各适量。

做法

① 菇类切小片,放入盐水中泡洗干净;鸡胸肉切片,加盐、蛋清、干淀粉拌匀。

② 锅中烧开水,下入鸡胸肉片汆一下,捞起待用。

③ 砂锅中添足量水,加入菇类小片,枸杞,大火煮开,下入鸡肉片。

④ 转小火炖15分钟,调入盐,搅拌均匀即可。

煲汤时也可以往汤里加适量的番茄,酸酸甜甜,很开胃。

〰 滋补随心搭 〰

月经不调

中医认为，月经不调多因过量食用辛辣寒凉食物、经期感受湿寒、郁怒忧思或久病多病等内外因素引起。西医认为，月经不调与人体内分泌失调、子宫和卵巢疾病所致。不论怎样，若不及时纠正月经不调，会影响女性的健康以及生育功能。

饮食宜忌

- ✓ 宜多食新鲜蔬菜。由忧思引起的月经不调，可通过饮食缓解压力，蔬菜中含有较丰富的矿物质和维生素，有助改善不良情绪。
- ✓ 宜补充铁。月经不调者应避免贫血，多食含铁量高的食物。
- ✓ 宜适量食用具有活血功效的食物。若经期中出现痛经、经液中掺有血块，食用红糖、红枣等，可调经止痛。
- ✗ 忌食生冷食物。冷冻的食物会导致肠胃的温度下降，子宫收缩变差，经血较难排出，从而形成血块。
- ✗ 忌食刺激性食物。辣椒、胡椒、大蒜等食物刺激性较强，会加重月经不调。

乌鸡有滋阴清热、益气补血等功效，对于女性气虚、血虚有一定的疗效。

核桃乌鸡汤

推荐食材

红糖、山楂、黑木耳、阿胶、桂圆、红枣、莲藕、山药、海参、蚌肉都是凉血或者补血的食材，适合月经不调的人食用。

猪肝含有丰富的铁，是女性补血的首选食品。

猪肝

山楂有非常重要的药用价值，一直是健脾开胃、消食化滞、活血化瘀的良药。有助于调理月经。

山楂

乌鸡是高蛋白、低脂肪的佳品，含丰富的微量元素。可以补虚劳、养身体，提高生理机能，缓解女性贫血的症状。

乌鸡

中医认为，桂圆性温热，具有补气益血的功效，所以适合月经不调的女性食用。

桂圆

补气养血
调经理痛

桂圆红枣红糖汤

〰〰〰 3人份 ⏱ 30分钟

原料

红枣60克，桂圆30克，红糖30克，枸杞30克。

做法

❶ 红枣、枸杞、桂圆置于盘中。

❷ 清洗干净后提前用冷水泡发1小时。

❸ 泡发好的食材沥干水分倒入汤煲中，加入800克水，加入红糖。

❹ 搅拌均匀，盖上盖子，大火烧开后转小火，炖30分钟左右即可。

养生功效

* 桂圆、红枣、枸杞、红糖均有滋阴补气血、益气健脾胃的功效，可用于经期妇女调经理痛，女性朋友们常喝此汤，还可以养颜美容。

红枣、枸杞、桂圆均是甜度较高的食材，如果不喜欢过甜，此汤中红枣可少放。

〜 煲汤更好喝 〜

清热凉血
养血补血

鲜藕老鸭煲

〰〰 2人份 ⏱ 2小时

原料

莲藕500克，水发黑木耳50克，老鸭1只，葱段、盐各适量。

做法

❶ 莲藕洗净，切块；黑木耳洗净。

❷ 老鸭处理干净，放入葱段，加水熬汤至八成熟。

❸ 放入莲藕、黑木耳煮熟后，再放入适量盐调味。

养生功效

* 莲藕性味甘温，能健脾开胃、益血补心。

* 鸭肉适合月经少的女性食用，与莲藕同食，有清热凉血的功效。

煲汤的时候还可以多放1颗蜜枣，汤的味道更鲜美。

〜 滋补随心搭 〜

失眠

失眠会产生一系列负面症状，如：疲倦程度增加、易怒、情绪不稳定等，以至于不能维持白天的正常活动。心脾两亏、肝肾不足、痰湿中阻、肝胆火旺等均可引起失眠。长期失眠对五脏六腑的运作、人体正常的生理活动有害，也会导致反应迟钝、记忆力下降，因此应尽快调理并通过食疗辅助。

饮食宜忌

- 宜补充镁。食用富含镁的食物能够缓解压力、放松心情，如果用脑过度而失眠，睡前1杯热牛奶有助入睡。
- 宜补充B族维生素。富含B族维生素的食物有安眠镇定的效果，有益于睡眠。
- 宜食用安神补气的食物。桂圆、莲子、百合等在治疗失眠方面有很好的效果。

- 忌食肥甘厚腻的食物。这类食物，如猪油、猪排等，易损伤脾胃，扰乱心神而加重失眠。
- 忌食刺激辛辣的食物。胡椒、辣椒、姜等食物易助火生痰，令患者心浮气躁，更加无法安眠。

莲子具有补脾止泻，养心安神之功效；银耳具有润肺生津、益气安神的作用。

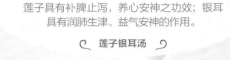

莲子银耳汤

推荐食材

黄花菜、银耳、红枣、黄鱼、牡蛎、海参、猪心、百合、莲子、酸枣仁、桂圆等都是适宜缓解失眠症状的食材。

猪心具有突出的安神定惊、养心补血的功效，对惊悸失眠有较好食疗效果，可以和西洋菜一起煲汤喝。

猪心

黄花菜性凉、味甘，有清热利湿、安心神、养血平肝的功效，有助于安神助眠。

黄花菜

红枣富含维生素C和膳食纤维，味甘性温，入脾、胃、心经，有补中益气、养血安神的作用。

红枣

黄鱼具有益气填精、安神的功效，适合失眠人群食用。

黄鱼

生津止渴
改善失眠

豆腐田园汤

♪♪ 2人份　⏱ 1小时

原料

 豆腐100克,菇类20克,胡萝卜1根,玉米1根,土豆1个,盐、高汤各适量。

做法

❶ 将玉米、土豆、胡萝卜、豆腐、菇类洗净,玉米切小块,土豆、胡萝卜、豆腐切片,备用。

❷ 豆腐片用油煎一下,加入高汤,待大火煮沸,将其他食材一起下入锅中。

❸ 转小火慢炖40分钟后,用盐调味,再慢炖5分钟即可出锅。

养生功效

* 豆腐能健脾益气、生津止渴、清洁肠胃。

* 胡萝卜可健脾养胃、滋润皮肤、明目、促进新陈代谢。

煮汤选用甜玉米,使用高汤代替清水,汤汁会更浓郁香甜。

༼ 煲汤更好喝 ༽

排毒养颜
改善睡眠

暖身南瓜汤

♪♪ 2人份　⏱ 40分钟

原料

南瓜200克,牛奶100毫升,枸杞10颗。

做法

❶ 南瓜去皮、去子,切成小块;枸杞洗净备用;南瓜块放入锅中,加水。

❷ 大火煮沸,加入枸杞,转小火慢炖25分钟。

❸ 南瓜煮熟后,借助捣泥器稍稍压一下(用勺子也可以)。

❹ 南瓜成羹后,倒入牛奶即可出锅品尝。

养生功效

* 南瓜和牛奶同煮,有排毒养颜、改善睡眠的功效。

可挑选老南瓜,其口感酥软、微甜,不仅适合做汤,而且还适合做各种小点心。

༼ 煲汤更好喝 ༽

便秘

便秘是常见身体症状，便秘患者排便次数明显减少，粪质干硬，常伴有腹胀腹痛、食欲减退、大便带血等症状。便秘的发生一般与肠蠕动功能失调有关，也与精神因素有关。如果便秘发作时间较长，对人体的危害就大，除了检查发生原因，更重要的是调整膳食。

饮食宜忌

- 宜增加膳食纤维的摄入。韭菜、红薯等富含膳食纤维，特别是能在肠道内无法被消化吸收的不可溶性膳食纤维，有助改善便秘症状。
- 宜增加脂肪的摄入。脂肪可润肠通便，有助于缓解便秘。如坚果、植物油等。
- 忌食热性香料。热性香料如芥末，具有较强的刺激性，容易造成肠道干燥。
- 忌食过于精细的食物。过于精细的食物，如精面、精米等会缺乏膳食纤维，结肠得不到一定量刺激。

白菜中的膳食纤维能促进胃肠道的蠕动，对便秘有一定的缓解作用。

翡翠豆腐羹

推荐食材

萝卜、洋葱、黄豆芽、芹菜、芦笋、青菜、白菜、菠菜、蘑菇、银耳、芋头、红薯、海参、海蜇、山慈姑、肉苁蓉、黄芪等都是可以缓解便秘的食材。

竹笋

竹笋有低脂肪、低碳水化合物、高纤维等特点，食后可促进肠道蠕动，帮助消化，防治便秘。

芹菜

芹菜是高纤维食物，它经肠内消化作用产生一种木质素或肠内脂的物质，可以加速粪便在肠内的运转时间，有助于排便。

白菜

白菜富含膳食纤维，能促进食欲，改善便秘症状。

红薯

红薯富含膳食纤维、矿物质。有宽肠胃、通便秘的作用。肠燥便秘的人适合多吃。

竹笋芹菜肉丝汤

润肠通便
缓解便秘

🥄🥄 2人份　⏱ 50分钟

原料

竹笋、芹菜各100克，牛肉50克，盐、高汤和植物油各适量。

做法

1. 将竹笋洗净，切丝，放入沸水中焯5分钟；芹菜择洗干净，切段；牛肉洗净，切丝。
2. 油锅烧热，放入牛肉丝翻炒至变色，加入竹笋丝、芹菜段翻炒。
3. 加入高汤，小火炖20分钟，加盐调味即可。

想让汤好喝，竹笋不涩是关键。建议把笋去皮，冷水入锅煮熟后再用来煲汤。

〰 煲汤更好喝 〰

养生功效

* 竹笋富含膳食纤维，芹菜可以加速肠道的运转，二者同食，对便秘的症状有很好的缓解功效。

椰汁香芋南瓜煲

通便解毒
益胃宽肠

🥄🥄 2人份　⏱ 1小时

原料

南瓜200克，香芋100克，椰浆50毫升，黄油、葱段、盐各适量。

做法

1. 南瓜、香芋去皮切小块备用。
2. 黄油下热锅，熔化后倒入葱段、南瓜块、香芋块，煎至表面微黄。
3. 砂锅中加水没过所有食材，火烧开后倒入椰浆，轻轻搅拌，小火慢炖20分钟，调入盐，待南瓜和香芋入口软烂即可出锅。

南瓜挑选稍甜一些的煮汤更好喝，想吃软烂一点的挑选较熟的南瓜更容易煮成羹。

〰 滋补随心搭 〰

养生功效

* 南瓜有止咳止喘、润肠通便等功效。
* 芋头有益胃宽肠、通便解毒、补益肝肾的功用。

女性内分泌失调

内分泌系统通过激素参与人体机能的调控，对于维持人体正常的新陈代谢是不可或缺的。激素水平的平衡对于人体健康十分重要。如果平衡被某些因素打破，就会造成内分泌失调。而女性内分泌系统对于维持女性生殖系统和身体健康十分重要。女性内分泌失调会引起肥胖、子宫肌瘤、多囊卵巢、月经不调、痛经闭经，甚至不孕不育。因此，应格外注意。

饮食宜忌

- 宜适量食用富含植物雌激素的食物。可以改善体内激素的分泌，还能预防乳腺癌。比如黄豆和豆制品等。
- 宜补充对脾有益处的食物。脾可以很好地消化吸收对肾肝脾有益的食物，维持荷尔蒙分泌的平衡。如芹菜等绿色蔬菜。
- 宜适量食用粗粮。红薯、土豆、玉米等粗粮有助于保持大便的通畅，使体内毒素随之排出。
- 忌食生冷、辛辣等刺激类的食物。这类食物对胃黏膜有刺激性作用，会破坏内分泌的平衡。
- 忌食油炸、油腻的食物，比如烤肉。

油菜和香菇同食，可促进肠道代谢，减少脂肪堆积，维持人体酸碱平衡。

〜 油菜蘑菇汤 〜

推荐食材

油菜、黑豆、海带、百合、桂圆、红薯、土豆、玉米、荞麦、菠菜、白菜、胡萝卜等可以调理身体的食材。

海带

海带富含碘、钙、硒等多种矿物质，有预防甲状腺肿大的功效。此外，有助于保持体内的酸碱平衡，纠正内分泌失调。

油菜

油菜中的膳食纤维可以与胆酸盐、胆固醇结合，减少人体脂肪的吸收，改善酸性体质，缓解内分泌失调的症状。

黑豆

黑豆高蛋白、低热量，且微量元素如铜、镁、硒的含量很高，可以延缓人体衰老，减轻内分泌失调的症状。

玉米

玉米膳食纤维含量丰富，能促进肠胃蠕动，代谢废物，作为粗粮，也可以很好地调节内分泌。

浓汤菌菇煨牛丸

调节血脂
增强免疫

〜〜 2人份 ⏱ 50分钟

原料

牛肉300克,火腿100克,海鲜菇、口蘑各50克,青菜2棵,鸡蛋1个,盐、生抽各适量。

做法

❶ 海鲜菇、口蘑、火腿分别切片或条;将牛肉剁细成蓉,加生抽、蛋清搅打至起胶。

❷ 锅内加水烧开,将牛肉蓉挤成小丸子,下入锅中浸熟。

❸ 另取一砂锅,下入牛肉丸,注入大半锅清水,放入海鲜菇条、口蘑片、火腿条,大火烧开,转小火煮15分钟,下入青菜,待青菜稍稍变色,加盐调味即可。

养生功效

• 菌菇有调节血脂、增强免疫力的功效;牛肉含有丰富的蛋白质,适合用来炖食滋补。

制作牛肉丸可以根据个人口味加其他调味品,要搅拌上劲。

煲汤更好喝

莲藕莲子银耳汤

温中益气
养心安神

〜〜 2人份 ⏱ 50分钟

原料

干银耳20克,莲藕50克,莲子10克,冰糖20克,枸杞适量。

做法

❶ 干银耳、莲子提前用清水泡发2小时以上,莲藕洗净,去皮切块。

❷ 砂锅中加适量水,下入银耳、莲藕、莲子,大火煮开后转小火慢炖30分钟。

❸ 下入冰糖和枸杞,小火继续煮5分钟即可。

养生功效

• 莲藕和银耳是适合女性调节内分泌的较好食材,莲藕莲子银耳汤有清热开胃、养心安神的功效。

银耳兼具美味与营养,但切记不要过夜食用,否则会产生对人体有害的物质。

煲汤更好喝

免疫力下降

免疫力是人体自身的防御机制，是人体消灭外来的病毒和细菌，处理衰老、损伤的自身细胞，以及识别和处理体内突变细胞和被病毒感染细胞的能力。工作压力大、生活不规律、饮食结构不科学等均会导致免疫力低下。人体会因免疫系统功能减退而经常染病，应及时调理治疗。

饮食宜忌

- 宜吃多种颜色的蔬果。搭配组合多种颜色的蔬果，摄取不同的营养成分，能提升抗氧化能力，增强防御细菌、病毒的能力。
- 宜食用富含优质蛋白的食物。蛋白质是人体免疫力的主动力，食用鱼肉、豆腐等富含优质蛋白的食物，有助提高免疫力。
- 宜食用温性食物。大葱、生姜、大蒜等温性食物，能增强抵抗病毒的能力，有助提高免疫力。

- 忌食油腻食物。摄取太多脂肪，会使体内免疫细胞变得"懒惰"而无法发挥功能，所以在烹调时要少油少盐。
- 忌食辛辣食物。辣椒、胡椒等有很大的"发散"作用，容易耗气，导致免疫力下降。

多种菌菇搭配，维生素、氨基酸的种类和含量丰富，可改善人体新陈代谢，增强免疫力。

什菌一品煲

推荐食材

白萝卜、豆制品、鸡肉、牛肉、羊肉、香菇、平菇、金针菇等可以增强体质的食材。

白萝卜

白萝卜富含钙、钾等矿物质，可以补钙增强身体。此外白萝卜中所含的木质素可以提高巨噬细胞的活力，从而提升免疫力。

豆腐

豆腐中含有丰富的碳水化合物、蛋白质、钙和镁，能提高免疫力，维持血液、中枢神经系统和免疫系统健康。

羊肉

羊肉含丰富的蛋白质和矿物质，促进血液循环，有御寒暖身的作用，常吃羊肉可以增强抗病能力。

平菇

平菇富含各种氨基酸、多糖类，以及丰富的钙、磷、钾等物质，可滋补强身，提高免疫力。

浓香豆腐羹

〰〰 2人份 ⏱ 40分钟

原料

豆腐100克,火腿30克,青菜50克,葱末、盐、干淀粉、植物油和高汤各适量。

做法

❶ 豆腐、火腿切小丁,青菜剁碎。

❷ 锅中加水煮沸,下入火腿丁和豆腐丁氽一下捞出,青菜碎也需要焯水。

❸ 另取一锅,加油烧热,下葱末炝锅,倒入豆腐丁、火腿丁略炒,加入高汤,大火烧开转小火慢炖15分钟。

❹ 干淀粉调水勾芡,搅拌均匀后加入锅中,下入青菜碎,小火烧5分钟后加盐即可。

养生功效

＊青菜富含维生素,具有增强免疫力的功效。

青菜易熟,因此豆腐要先下锅多煮一会。

೨ 煲汤更好喝 ೨

虾仁豆腐羹

〰〰 2人份 ⏱ 1小时

原料

虾仁50克,青豆30克,嫩豆腐1盒,胡萝卜、葱花、姜片、料酒、鸡汤、盐、水淀粉、香油、植物油各适量。

做法

❶ 胡萝卜去皮,切丁;虾仁洗净,去虾线;嫩豆腐切丁。

❷ 油锅烧热,爆香葱花、姜片,放入胡萝卜、虾仁、青豆翻炒,加料酒、鸡汤、盐调味。

❸ 放入嫩豆腐,小心翻动,大火收汤,加水淀粉勾芡,淋上香油即可。

养生功效

＊虾仁和豆腐的蛋白质含量丰富,能为人体补充优质蛋白,提高人体抵抗力。

豆腐也可以选择北豆腐,营养更加丰富。

೨ 滋补随心搭 ೨

芦笋玉米肉片汤

健脾益胃
增强免疫

〃〃 2人份　⏱ 50分钟

原料

猪肉200克，玉米1根，芦笋150克，番茄1个，盐、料酒各适量。

做法

❶ 玉米、芦笋洗净切段；番茄洗净切滚刀块。

❷ 猪肉切薄片，加盐、料酒搅拌均匀，腌制30分钟。

❸ 锅中加凉水，下入肉片汆水，捞出待用。

❹ 另起锅，下入肉片和玉米段，加入足量清水，大火烧开放入番茄块和芦笋段，转小火再煮5分钟，调入盐即可出锅。

养生功效

＊芦笋有调节机体代谢、提高身体免疫力的功效。
＊猪肉有增强免疫力、提高记忆力的功效。

芦笋要选择尖部收紧、茎部挺直、呈鲜艳的绿色、切口尚未干燥的，这样的比较新鲜。

煲汤更好喝

羊肉冬瓜汤

补精血
益气消肿

〃〃 2人份　⏱ 40分钟

原料

羊肉片80克，冬瓜50克，香油、葱花、姜片、盐各适量。

做法

❶ 冬瓜去皮、瓤，洗净，切薄片；羊肉片用盐、葱花、姜片拌匀腌制5分钟。

❷ 油锅烧热后放入冬瓜片略炒，加适量水，加盖煮沸。

❸ 向煮沸的锅中加入羊肉片，煮熟后淋上香油即可。

养生功效

＊羊肉性温，有益气血、补虚损、温元阳、御风寒等功效。
＊冬瓜性凉，有清热、利水、消痰等功效。

煮羊肉时可适当放入白芷，这样可以去掉羊肉的膻味。

煲汤更好喝

会喝汤少生病

高血压

一般认为，收缩压大于或等于140毫米汞柱，或者舒张压大于或等于90毫米汞柱，就可诊断为高血压。高血压是最常见的慢性病，其本身并不可怕，可怕的是它是诱发心脑血管疾病最为危险的因素。因此，一旦发现高血压，就要及时控制饮食，避免恶化。

饮食宜忌

- ✅ 宜控制钠盐的摄入。一般主张每天的盐摄入量应该控制在6克以下，最好在3克以下。
- ✅ "少盐多粗，少荤多素"。注意食物酸碱平衡，荤素搭配，粗细粮结合。

- ❌ 忌食饱和脂肪多的食物。动物脂肪中饱和脂肪含量较多，所以要少吃肥肉。
- ❌ 忌食含钠高的食物。钠滞留会导致血压上升，会加重病情。虾米、皮蛋、豆腐乳这些含钠高的食物就该禁食。
- ❌ 忌食刺激性食物。刺激性食物会影响血压的稳定。

芹菜中含有的芹菜碱，有降压的作用，对早期高血压病患者有一定疗效。

竹笋芹菜肉丝汤

推荐食材

绿豆、马齿苋、山楂、黑木耳、荸荠、空心菜、芦笋、玉米须、裙带菜、海带等，都是非常理想的降低血压或双向调节血压的食物。

芹菜富含膳食纤维，摄入人体后，可以帮助减少脂肪的吸收，对防治高血压十分有好处。

芹菜

食用山楂对于高血压具有明显的辅助疗效。山楂所含的成分可以助消化、扩张血管、降低血糖和血压。

山楂

香菇富含多种氨基酸和维生素，它含有的多糖类物质对人体降低血脂十分有益，适合高血压患者食用。

香菇

海带富含可溶性膳食纤维和碘，对心脏病、糖尿病、高血压都有较好的防治作用。

海带

芹菜红枣饮

2人份 ⏱ 20分钟

原料

红枣50克，芹菜30克，蜂蜜适量。

做法

❶ 芹菜洗净切段，红枣洗净。

❷ 锅中加适量水，加入芹菜段和红枣。

❸ 大火烧开，转中小火慢炖5~8分钟。

❹ 温凉后，调入蜂蜜，搅拌均匀即可出锅。

养生功效

* 芹菜含有多种维生素，其中维生素P可增加血管弹性和血管通透性，长期服用此饮，对于降低血压和血脂，提高人体免疫力有明显的疗效。

芹菜和红枣煮出的汤饮清淡爽口，蜂蜜让口感更香甜，血糖较高的人食用可不加蜂蜜。

╭ 煲汤更好喝 ╮

荠菜豆腐羹

2人份 ⏱ 50分钟

原料

豆腐200克，荠菜50克，咸肉50克，盐、植物油各适量。

做法

❶ 豆腐切小块；咸肉切小段，温水泡20分钟；荠菜择洗后切碎。

❷ 锅中油烧热，下入咸肉段煸炒十几秒。

❸ 汤锅内加入适量水（或高汤），加入豆腐块，煮开。

❹ 加入荠菜碎略煮软。

❺ 加入少许盐搅匀后，即可出锅。

养生功效

* 豆腐具有清热、利水、补中益气的作用，配以清热、止血、凉血、降压的荠菜，其清热利水降压的功效提高，适合高血压患者食用。

咸肉本身有较重的咸味，可视口味少加盐。

╭ 煲汤更好喝 ╮

糖尿病

中医认为，糖尿病的形成是由于身体阴虚，加上长期过食甘肥食物以及醇酒厚味，导致脾胃运化失调，进而使得积热内蕴、化燥伤津而引起。糖尿病的主要症状以多尿、多饮、多食、消瘦的"三多一少"为表现，目前糖尿病食疗的首要目标是控制总能量的摄入。

饮食宜忌

冬瓜中的膳食纤维含量较高，且含有较少的钠盐，适合糖尿病患者食用。

冬瓜陈皮汤

- ☑ 宜减少每日盐的摄入量。糖尿病患者每日盐的摄入量最好控制在5克以内。
- ☑ 宜减少每餐油的摄入量。每餐用油要少于10克，每日烹调用油总量少于25克。
- ☑ 宜减少每餐糖分摄入量。吃糖过多会引起血糖升高，而且糖的热量高，过量食用会导致肥胖。
- ☑ 宜每天饮食少量多餐、定时、定量、定餐。

- ✕ 忌食含糖量过高水果。如梨、葡萄、西瓜、甘蔗等。
- ✕ 忌食含碳水化合物高的食物。如红薯、土豆等。

推荐食材

苦瓜、青菜、菠菜、番茄、豇豆、黄瓜、丝瓜、冬瓜、菠菜、蘑菇、黑木耳、豆腐等。

苦瓜中含有类似胰岛素的物质，能促进糖分解，改善体内脂肪平衡，是糖尿病患者理想的食疗食物。

苦瓜

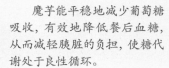

魔芋能平稳地减少葡萄糖吸收，有效地降低餐后血糖，从而减轻胰脏的负担，使糖代谢处于良性循环。

魔芋

冬瓜富含维生素C，钾盐含量高，钠盐含量低，可以达到利尿消肿的效果。

冬瓜

西葫芦富含维生素C和钙，有清热利尿、除烦止渴的功效。它含糖量低，热量也低，适合糖尿病患者食用。

西葫芦

降血糖
降火祛暑

三鲜冬瓜汤

🥄🥄 2人份 ⏱ 20分钟

原料

冬瓜100克，番茄20克，青菜20克，香菇20克，竹笋20克，盐、葱花、姜末、植物油各适量。

这道汤品中的青菜可以换成白菜，冬瓜和白菜的搭配有清热解毒、减肥润燥的功效。

～ 滋补随心搭 ～

做法

❶ 将冬瓜去皮，切片；番茄和竹笋洗净，切片；青菜洗净；香菇洗净，切条。

❷ 锅中放入植物油烧热，放入葱花、姜末煸香，加入冬瓜、番茄、青菜、香菇、竹笋翻炒，加适量清水煮沸后，加盐调味，再用小火煮1~2分钟即可。

养生功效

＊冬瓜具有清热毒、利小便、止渴除烦、祛湿解暑的功效，是适合糖尿病患者的食材。

降糖通便
控制体重

三菜汤

🥄🥄 2人份 ⏱ 40分钟

原料

芹菜、菠菜、绿豆芽各100克,盐、香油各适量。

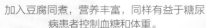

加入豆腐同煮，营养丰富，同样有益于糖尿病患者控制血糖和体重。

～ 滋补随心搭 ～

做法

❶ 芹菜、绿豆芽择洗干净，切段；菠菜洗净，切段，入沸水中焯一下。

❷ 锅中加水烧开，放入芹菜、绿豆芽，煮至芹菜、绿豆芽软化，再加入菠菜。

❸ 待汤煮沸加盐调味，出锅后加入香油即可。

养生功效

＊芹菜富含膳食纤维，有助于减少人体对食物中脂肪的吸收，同时也有助于通便。

高脂血症

随着饮食中高脂肪、高胆固醇食品的增加，以及运动量的逐渐减少，人体血液中过多的脂肪不能被代谢或消耗，就会导致高脂血的出现。高脂血症患者血液中的脂肪类物质超标，导致血管壁阻塞，影响正常的血液流动。因此，高脂血症患者要从日常饮食着手，改善血脂状况。

饮食宜忌

- ⊘ 减少胆固醇的摄入。每天摄入量要少于300毫克。尽量不要吃猪肚、猪脑等动物内脏。
- ⊘ 减少脂肪的摄入。平日饮食中可以用不饱和脂肪酸代替饱和脂肪酸，多使用植物油，少用或不用动物性油脂。

- ✗ 忌食过量盐。盐中的钠离子对血压有明显的负面影响，而高脂血症者出现血压问题的不在少数，高血压和高脂血都会对血管的正常功能造成损害。
- ✗ 忌食碳水化合物过多的食物。多余的糖和碳水化合物在体内会转化为脂肪。
- ✗ 忌食虾、海蟹、鱿鱼等部分海产，还有鲫鱼、田螺、黄鳝等含有丰富脂肪的水产品。

黄瓜中含有较多的丙醇二酸，可抑制碳水化合物转变为脂肪。

〜 黄瓜木耳汤 〜

推荐食材

芹菜、冬瓜、燕麦、萝卜、海带、黄瓜、海藻、黑木耳、玉米、洋葱、南瓜、竹笋、山楂、绿豆等，可降低血脂，或促进体内胆固醇的排出，经常食用对高脂血症非常有益。

荷叶中富含多种生物碱和维生素C，可以清热解毒、止血。在降血脂方面很有效，高血脂患者宜食。

荷叶

燕麦的水溶性膳食纤维较高，可降低血糖，作为谷类食材，燕麦的B族维生素也比较丰富。

燕麦

黑木耳性平、味甘。具有治疗心血管疾病功能，降血脂效果好。

黑木耳

山楂有预防心血管疾病的作用，能扩张血管，增加冠脉血流量，改善心脏活力，调节血脂及胆固醇含量。

山楂

降血脂
健脾利湿

冬瓜三豆汤

〜〜 2人份 ⏱ 50分钟

原料

冬瓜250克，红豆100克，绿豆60克，白扁豆30克，盐适量。

做法

① 冬瓜洗净，去皮，切片。

② 与洗净的红豆、绿豆、白扁豆同入锅中，加适量清水，用小火煮至豆类熟烂，调入适量盐即可。

养生功效

• 冬瓜和白扁豆同食，有清热利湿的功效，还可以利尿消肿、稳定血糖、降血脂。

把冬瓜换成乌梅，乌梅三豆汤中放入适量冰糖，酸甜入胃，而且降暑效果更佳。

〈 滋补随心搭 〉

降低血脂
滋阴润燥

薏米冬瓜排骨汤

〜〜 2人份 ⏱ 2小时

原料

排骨300克，薏米30克，冬瓜200克，料酒、姜片、盐各适量。

做法

① 薏米用水浸泡30分钟备用；冬瓜去子，带皮洗净后切小块；排骨洗净，加姜片、料酒入锅中氽水，撇净浮沫，捞出洗净。

② 砂锅中放足量水烧开，倒入排骨，转中小火炖60分钟左右，最后加薏米和冬瓜块，用小火慢炖30分钟，加盐调味，搅拌均匀即可。

养生功效

• 薏米含有丰富的水溶性纤维，可以吸附胆盐（负责消化脂肪），使肠道对脂肪的吸收率变差，进而降低血脂、降血糖；冬瓜能够减少体内多余脂肪和水分。

冬瓜皮不用去掉，冬瓜皮能降血压、降血脂，减少胆固醇的生成，可预防心脑血管疾病。

〈 煲汤更好喝 〉

冠心病

冠心病是冠状动脉疾病的一种，冠心病的形成，是因为脂肪堆积在冠状动脉内膜细胞内，导致血管狭窄及阻塞，血液无法正常运行，造成心肌缺氧。冠心病是心脑血管疾病中最常见的一种。精神长期处于高度紧张状态、饮食无规律、喜爱油腻及高脂肪食物都会诱发冠心病。

饮食宜忌

- 宜补充富含维生素、膳食纤维的食物。这类食物能够降低血脂，减轻血管负担。
- 宜补充富含镁元素的食物。镁能减少心绞痛的发生，提高运动耐量，明显改善冠心病病人的生活质量。如紫菜、口蘑等。
- 宜补充豆类和豆制品。

- 忌食胆固醇含量高的食物。胆固醇会导致动脉粥样硬化的发生，对防治冠心病不利。如蛋黄等。
- 忌食酒精类饮料。长期饮用容易导致心肌收缩功能衰退，会使脂肪在血管里沉积。

冬笋是高蛋白、高纤维的食材，食后可促进肠道蠕动，减少脂肪的堆积。

三鲜冬瓜汤

推荐食材

海参、干贝、海带、紫菜、南瓜、黑木耳、红薯、玉米、芹菜、竹笋、洋葱等都是富含维生素、膳食纤维以及矿物质的食材，可降低血液中脂肪和胆固醇含量。

茄子能够限制人体从食油中吸取胆固醇，并能把肠内过多的胆固醇裹在一起带出体外。有助于防治冠心病。

茄子

大蒜能带走有损心脏的胆固醇，能降低低密度脂蛋白胆固醇，还能降低血小板的黏滞性，阻止血液凝固，预防血栓。

大蒜

竹笋味甘、性寒，富含膳食纤维，可以清除体内多余脂肪。

竹笋

是著名的"活血化瘀"的中药。它能够促进血液循环，扩张冠状动脉，增加血流量，防止血小板凝结。

丹参

香蕉陈皮汤

🥄🥄 2 人份 ⏱ 20 分钟

原料

☐ 香蕉5根，陈皮1片。

做法

❶ 香蕉剥皮，切段；陈皮浸软，去白。

❷ 香蕉段、陈皮放入锅内，加适量水，小火煮沸15分钟即可。

养生功效

* 香蕉性寒、味甘，营养丰富，属于含钾量较高的水果，很适合高血压、心脏病患者食用。

香蕉的口感黏稠，和牛奶放在一起煲成牛奶香蕉汤，口感好，营养足。

⌒ 滋补随心搭 ⌒

黄豆猪蹄汤

🥄🥄 2 人份 ⏱ 3 小时

原料

☐ 猪蹄500克，黄豆20克，葱段、姜片、盐各适量。

做法

❶ 黄豆提前浸泡3小时以上。

❷ 将猪蹄洗净，然后切成几大块，在开水中汆烫一下，除去血水，冲洗干净。

❸ 另取砂锅，倒入猪蹄、黄豆、葱段、姜片，加水大火烧开，转中小火慢炖2小时，调入盐、待猪蹄肉酥皮嫩、黄豆软烂即可。

养生功效

* 猪蹄含有的胶原蛋白能促进毛皮生长，预防和改善冠心病以及脑血管疾病。

猪蹄可以选用前蹄的脚掌部分，这样煮出来的汤水不会太油腻。

⌒ 煲汤更好喝 ⌒

骨质疏松症

骨质疏松是指，人体骨骼组织内因无机盐（主要成分是钙）减少导致的一种骨病。骨骼中钙的含量占体内含量的99%，由于骨骼中的钙与体液中的钙处于进出平衡的状态，所以才能维持钙磷代谢的相对稳定。倘若骨骼内的钙质大量流失，就会诱发骨质疏松症。此病的发病率随着年龄的增长而增加。食疗可以缓解骨质疏松的症状。

饮食宜忌

- ☑ 宜补充钙。补钙是预防、缓解骨质疏松症的重要手段。如牛奶、豆类等。
- ☑ 宜增加维生素D的摄入。维生素D能够促进人体对钙的吸收和利用。如海鱼、动物肝脏，更重要的是多晒太阳。

- ✕ 忌食含盐量过高的食物。吃盐过量会加速钙的流失，导致骨质疏松。
- ✕ 忌食碳酸饮料。碳酸饮料中含大量磷酸，磷酸会影响人体对钙的吸收，长此以往会引起骨质疏松。
- ✕ 忌烟酒。吸烟和饮酒会影响钙和维生素D的代谢。

虾仁、豆腐均含有大量的钙，且植物蛋白与动物蛋白形成互补，对骨质疏松有缓解作用。

〜 虾仁豆腐羹 〜

推荐食材

牛奶及奶制品、大豆及豆制品，可以连骨吃的鱼、连壳吃的虾等都含有较多的钙，可以经常食用。

鸡蛋中富含卵磷脂和钙，有助于神经系统和身体发育。

鸡蛋

牛奶含钙量高，是补钙效果较好的理想食物之一，适合骨质疏松患者食用。

牛奶

虾皮富含钙元素，但盐含量也不低，食用时应适量。

虾皮

黄豆可以补脾益气、改善食欲不振，其优质蛋白及丰富的维生素可为人体提供能量与营养。

黄豆

南瓜虾皮汤

〰〰 2人份 ⏱ 15分钟

原料

☐ 南瓜200克,虾皮20克,小葱、盐各适量。

做法

❶ 南瓜去皮去瓤,切块;小葱洗净,切葱花。油锅烧热,放入南瓜块翻炒片刻。

❷ 锅中加适量水,大火煮沸,转小火将南瓜煮熟。

❸ 出锅前加盐调味,再撒入虾皮、葱花即可。

养生功效

* 南瓜性温,有补中益气、通便润肠等功效。
* 虾皮性温,有补肾壮阳、强筋健骨等功效。

可以加入适量高汤,味道更好,同时也有助于钙吸收。

〰 煲汤更好喝 〰

羊骨豌豆汤

〰〰 2人份 ⏱ 2小时30分钟

原料

☐ 羊骨100克,鲜豌豆50克,木瓜300克,胡椒粉、盐各适量。

做法

❶ 羊骨洗净,切小块,用开水汆5分钟,去血水,捞出洗净。

❷ 豌豆洗净;木瓜洗净,去皮,切块,榨汁。

❸ 羊骨、豌豆和木瓜汁放入砂锅中,加入适量清水,大火煮沸转小火煲2小时,加盐调味,撒上胡椒粉即可。

养生功效

* 中医认为,羊骨既是温补身体的食物,又是益肾气、壮筋骨的良药,对老年人阳气不足、腰膝无力、筋骨冷痛具有很好的食疗效果。

可以将豌豆换成黄豆与毛豆,同样具有预防骨质疏松的功效。

〰 滋补随心搭 〰

贫血症

中医将贫血归之为"血虚"之症，表现为面色苍白，并伴随头晕、乏力、心悸、气短等症状，因此防治贫血，往往从补气补血两方面进行。现代医学把贫血分成几种不同情况，有些贫血与营养相关，如缺铁性贫血，可通过饮食来辅助治疗；而有些贫血与营养无关，如地中海贫血。

饮食宜忌

- ✅ 宜增加含铁食物摄入量。补充血液，增加血的濡养功能，以达到益气养血的功效。如动物内脏等。
- ✅ 宜摄入富含维生素C的食材。补充维生素C能促进人体对铁的吸收，从而防治缺铁性贫血。

- ❌ 忌食不易消化的食物。贫血患者往往存在消化功能紊乱的问题，少吃不易消化的食物。如核桃、杏仁、韭菜等。
- ❌ 忌食碱性食物。碱性环境不利于铁质吸收，胃酸缺乏也会影响食物中铁游离和转化。如馒头、荞麦面等。

当归能显著促进机体造血功能，增加血红蛋白含量，具有补血活血的作用。

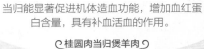
桂圆肉当归煲羊肉

推荐食材

羊肉、牛肉、羊骨、海参、牡蛎、章鱼、苋菜、菠菜、莲藕、桂圆、枸杞、红枣等，可搭配当归、何首乌、阿胶等补血养气的中药材食用。

阿胶

阿胶富含胶原蛋白和钙、铁等多种矿物质，因此阿胶不但能益气补血，还能抗衰老、延年益寿。

羊肉

味甘，性温，既能补气，又能补血，尤其适合气血不足兼有阳虚怕冷症状的人食用。

花生

花生中富含丰富的蛋白质、不饱和脂肪酸，有益气健脾、补血止血等功效。

当归

当归性温，具有补血调经、活血止痛、止咳平喘等功效。

补益气血
安神补脑

阿胶核桃仁红枣羹

〜〜 2人份 ⏱ 50分钟

原料

阿胶、核桃各50克,红枣10颗。

做法

❶ 核桃去皮留仁,捣烂;红枣洗净,取出枣核。

❷ 阿胶砸成碎块,加入20毫升水一同放入瓷碗中,隔水蒸化。

❸ 红枣、核桃仁放入另一只砂锅内,加适量水,小火慢煮20分钟。

❹ 蒸化后的阿胶放入锅内,与红枣、核桃仁再煮5分钟即可。

养生功效

* 阿胶性平,有补血、滋阴、润肠等功效。
* 核桃仁性温,有益气养血、补脑益智、润肠通便等功效。

熬汤的时候可以适当地添加一些山楂,以促进消化。

⌒ 煲汤更好喝 ⌒

滋阴养血
补益五脏

黑豆莲藕鸡汤

〜〜 2人份 ⏱ 3小时30分钟

原料

黑豆150克,老母鸡1只,莲藕500克,红枣4颗,葱花、姜片、料酒、白糖、盐各适量。

做法

❶ 黑豆放入铁锅中炒至豆衣裂开,洗净,晾干;老母鸡处理干净。

❷ 莲藕、红枣分别洗净;莲藕切块;红枣去核。

❸ 取汤锅上火,加水适量,大火煮沸,下黑豆、莲藕、老母鸡、红枣、葱花、姜片、料酒、白糖,用中火继续炖约3小时,加盐调味。

养生功效

* 黑豆是传统上认为有益血作用的食物,老母鸡可以补充铁质,此汤适合缺铁性贫血者食用。

可以选用陶瓷或者不锈钢锅煲汤,这样莲藕的成色会更好看。

⌒ 煲汤更好喝 ⌒

痛风

痛风是一种由代谢系统紊乱所致的疾病，以尿酸增高为显著标志之一，而尿酸是由食物中的嘌呤代谢和体内自身代谢产生的。在医药治疗的同时，通过合理的食疗方式加以辅助，可以更好地达到消除病症疼痛的效果。

饮食宜忌

- ☑ 宜增加蔬菜摄入。蔬菜能量低，且富含膳食纤维和维生素C，有利于降低血尿酸水平。
- ☑ 宜补充适量的蛋白质。营养不均衡会导致体内的嘌呤含量更高，加重痛风。蛋白质应主要从植物蛋白中摄取，如豆腐。
- ☑ 宜每日补充2000毫升白开水，炎热夏季可增加饮水量。

- ✗ 忌食高嘌呤类的食物。嘌呤太多会代谢产生尿酸，加重痛风的病症。如动物肝脏、浓汤、肉汤以及豆制品等。
- ✗ 忌食热量过高的食物。热量太高，会诱发痛风的并发症高脂血等。如咖啡、煎炸食物和熏炸食物等。

丝瓜味甘性凉，可利尿凉血、清热祛风，能促进尿酸的排除，从而减轻痛风症状。

丝瓜炖豆腐汤

推荐食材

玉米、土豆、红薯、芋头、海参、白菜、番茄、黄瓜、香菜、菠菜、苋菜、丝瓜、冬瓜等低嘌呤的食物。

西蓝花富含胡萝卜素、B族维生素和膳食纤维，热量和脂肪含量都低，有助于降脂，嘌呤含量低，适合食用。

西蓝花

苋菜富含赖氨酸和多种矿物质。可清湿利热、凉血散瘀，有助于强身健体、散血化瘀。

苋菜

丝瓜富含丰富的营养素，有清热化痰、凉血解毒的功效，而且嘌呤含量低。

丝瓜

黄瓜所含的多种维生素和生物活性酶能促进机体代谢，可抑制碳水化合物转化成脂肪，有助于瘦身减肥。

黄瓜

双色菜花汤

〰〰 2人份 ⏱ 10分钟

原料

西蓝花1小棵, 菜花1小棵, 海米、盐、高汤、香油各适量。

做法

❶ 西蓝花、菜花分别洗净, 掰成小朵, 入开水锅中焯烫后, 捞出备用。

❷ 油锅烧热, 下海米翻炒, 加入适量高汤烧开后, 放入焯烫好的西蓝花、菜花, 再次煮开后放少许盐、香油调味即可。

养生功效

*痛风患者应多吃新鲜蔬菜, 蔬菜嘌呤含量低, 能有效预防痛风的发作。

*西蓝花和菜花嘌呤含量很低, 适合痛风病人食用。

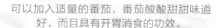

可以加入适量的番茄, 番茄酸酸甜甜味道好, 而且具有开胃消食的功效。

〇 煲汤更好喝 〇

蛋奶炖杨桃

〰〰 2人份 ⏱ 30分钟

原料

杨桃150克, 鸡蛋2个, 牛奶200毫升, 白糖适量。

做法

❶ 杨桃去硬边、去核、切小块, 取一半放入锅中, 和牛奶、糖用小火煮至白糖熔化, 熄火放凉。

❷ 过滤, 取奶液。

❸ 加入鸡蛋及另一半杨桃块, 用大火蒸至鸡蛋凝固。

养生功效

*这道汤蛋白质、维生素及钙含量丰富, 能消除疲劳感, 促进消化, 适合作息不规律常熬夜的痛风患者。

杨桃太涩或者太酸, 可以多加一点红糖, 煲汤更美味。

〇 煲汤更好喝 〇

胃病

胃病，实际上是许多与胃相关疾病的统称，它们有相似的症状。如胃痛、饭后饱胀、返酸、恶心、呕吐等。胃是我们体内重要的消化器官之一，如果它的蠕动不正常，就会妨碍消化和吸收，进而产生胃部病症，影响身体健康。所以从饮食习惯上调胃养胃是非常必要的。

饮食宜忌

- ✅ 宜补充维生素。维生素利于保护胃黏膜和提高其防御力，并促进局部病变的恢复。

- ❌ 忌食含脂肪过高的食物。如油炸食物，很难消化，从而增加胃的负担。
- ❌ 忌食刺激性的食物。如咖啡、辣椒、芥末都是刺激性很高的食物。此类食物会刺激胃液分泌，使胃黏膜受损。
- ❌ 忌食酸性食物。如柠檬、橙子、橘子这样酸度较高的食物，容易对胃造成刺激。

山药含有丰富的淀粉酶，有促进脾胃消化的功效，常食可保护胃黏膜。

～ 山药羊肉汤 ～

推荐食材

羊肉、莲藕、南瓜、土豆、山药、桂圆、红枣、莲子、胡萝卜等暖胃的食材。

香菜具有和胃调中的功效。由于香菜具有芳香的气味，辛香升散，能促进胃肠蠕动，具有开胃醒脾的作用，对调节人的消化功能大有好处。

香菜

土豆煮熟后食用，具有益气强身、和胃调中、健脾胃的作用。

土豆

山药健脾胃、益肾气，促进消化吸收，增进食欲，保护胃壁，胃部长期不适导致食欲不振的患者可多吃。

山药

胡萝卜含有丰富的胡萝卜素，可以保护胃黏膜。建议胃部不适的人平时多食用胡萝卜，煮熟吃，会吸收得更好。

胡萝卜

南瓜金针菇汤

〰️〰️ 2人份　🕐 50分钟

原料

☐ 南瓜100克,金针菇50克,高汤、盐各适量。

做法

❶ 南瓜切块,金针菇切段。

❷ 南瓜块放入锅中,加入高汤、适量水,大火煮沸后转小火煲30分钟。

❸ 加入金针菇段后转大火,待煮沸时加盐调味即可。

养生功效

• 南瓜性温,含胡萝卜素和维生素C,可以养胃、护肝、润肤,还有补中益气、通便润肠等功效。

用鸡汤当汤底,汤味更鲜。

〜 煲汤更好喝 〜

缓急止痛
暖身养胃

当归羊肉汤

〰️〰️ 2人份　🕐 2小时

原料

☐ 羊肉500克,当归3克,红枣20克,枸杞5克,生姜、盐各适量。

做法

❶ 羊肉洗净剁成块;红枣、枸杞、当归用清水洗净;生姜切片待用。

❷ 羊肉块汆水,捞出洗净血沫。

❸ 砂锅中下入羊肉块、当归、红枣、枸杞、姜片,倒入没过食材的水,大火烧开后改小火慢炖,加盐调味后即可出锅。

养生功效

• 当归补血、缓急止痛。

• 羊肉是温热的食物,有驱寒,增加抵抗力的作用,可以暖身、养胃。

由于炖煮时间比较长,最好选择连皮带骨的羊肉,这样的羊肉比较耐煮。

〜 滋补随心搭 〜

脂肪肝

脂肪肝是指由于各种原因导致的肝细胞内脂肪堆积过多的病变，是引起肝硬化的常见病因。脂肪肝并不是一种独立的疾病，轻度发病期也没有明显的症状，一旦严重，病情来势将非常凶猛。长期大量饮酒、营养过剩以及肥胖都是导致脂肪肝的重要原因。

饮食宜忌

- ✅ 多吃如燕麦、玉米、甘薯等粗粮，可保持人体内的酸碱平衡，起到降脂的作用。
- ✅ 宜补充维生素的摄入。绿叶蔬菜中维生素含量丰富，多吃可以促进脂质代谢。
- ❌ 忌糖分的摄入。防止体内多余的糖转化为脂肪，有益于防治脂肪肝。
- ❌ 忌食高热量食物。应该减少动物内脏、肥肉、蛋类中的蛋黄这些高热量食物的摄入，可以有效防止脂肪在体内堆积。

紫菜富含的多糖可增强细胞免疫和体液免疫功能，提高机体的免疫力。

紫菜虾皮豆腐汤

推荐食材

黄豆、玉米、油菜、菠菜、菜花、豆腐、海带、莴笋等可促进体内磷脂合成，协助肝细胞内脂肪转化。

菜花富含B族维生素和维生素C，具有减毒肝脏、减肥瘦身、延缓衰老的功效。

菜花

玉米富含胡萝卜素和维生素E、卵磷脂，长期食用可降低胆固醇，防治动脉硬化。

玉米

豆腐含有优质蛋白，脂肪含量少，可促进肝细胞中脂肪转化。

豆腐

莴笋中碳水化合物含量低，而矿物质、维生素含量则较高，可以提高人体脂肪代谢能力，有益于预防脂肪肝。

莴笋

菠菜鸡蛋汤

修复肝脏
养血补虚

〰〰 2人份 ⏲ 20分钟

原料

菠菜120克，鸡蛋1个，盐、胡椒粉、香油、鸡精各适量。

做法

❶ 菠菜洗净，切段。

❷ 锅内放入适量水，水沸腾后放入菠菜段，淋入鸡蛋液，出锅前加入盐、胡椒粉、鸡精和香油即可。

养生功效

• 菠菜与鸡蛋搭配食用，有助于人体钙与磷的平衡摄入，促进磷脂的合成，协助肝细胞内脂肪的转变。
• 鸡蛋中的蛋白质对肝脏组织损伤有修复作用。

菠菜要先洗后切，否则营养会大量流失，煮菠菜的时间不宜过长。

煲汤更好喝

青菜土豆肉末汤

提高免疫力
防治便秘

〰〰 2人份 ⏲ 30分钟

原料

青菜3棵，土豆半个，猪肉末20克，植物油适量。

做法

❶ 青菜洗净切段；土豆去皮，洗净，切小丁。

❸ 油锅下肉末炒散，下土豆丁，炒5分钟。

❷ 倒入适量水，煮开后，转小火煮10分钟，然后放青菜段略煮即可。

养生功效

• 青菜土豆肉末汤含有丰富的维生素C、膳食纤维、铁和蛋白质等营养成分，经常食用，有助于促进肠道蠕动，增强体质。

煲汤时可以加入适量的生姜和小葱，给汤提鲜提味。

煲汤更好喝

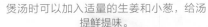

术后调理

做完手术后人体各方面都会很虚弱，在这个特殊的时期，滋补、调理身体就显得非常重要。若调养不当，术后创伤就得不到足够的营养，伤口的愈合就会减缓。在了解手术后的禁忌后，可以通过食疗的方法滋补身体。

饮食宜忌

- 宜补充蛋白质。蛋白质含量高的食物，如牛肉、猪蹄、乳鸽等。丰富的蛋白质能促进伤口愈合，降低感染机率。
- 宜增加碳水化合物的摄入。面条、馒头等能为人体补充能量，有利于伤口愈合。
- 宜适量增加脂肪摄入。适量的脂肪，如鱼油，可以促进伤口的愈合。

- 忌食辛辣刺激性的食物，尤其是辣椒，这些食物容易引起上火，会导致伤口炎症。

牛肉中含有丰富的蛋白质和氨基酸，可提高机体的恢复能力。

⌒ 土豆番茄牛肉汤 ⌒

推荐食材

牛肉、番茄、猪蹄、苦瓜、芦荟、鲈鱼、芋头、鸽子等温补身体的食材。

鲈鱼

鲈鱼性温、味甘，有健脾胃、补肝肾、止咳化痰的作用。喝鲈鱼汤对于伤口也很有好处。

猪蹄

猪蹄含有丰富的大分子胶原蛋白质。适当吃一些猪蹄有利于人体组织细胞正常恢复，加速新陈代谢，延缓机体衰老。

芋头

芋头含有丰富的蛋白质和多种营养素，其中丰富的维生素能够增强人体的免疫力，特别适合病后体虚的患者。

鸽子

鸽子含有极为丰富的蛋白质和丰富的钙、磷、铁等元素。蛋白质是组成细胞的基本物质。

海带萝卜汤

～～ 2 人份　🕙 30 分钟

原料

海带30克，白萝卜250克，盐、蒜蓉、香油各适量。

做法

❶ 将海带提前用冷水浸泡12小时，其间可换水数次，洗净后切成小片。

❷ 将白萝卜放入冷水中浸泡片刻，洗净，连皮及根须切片。

❸ 将白萝卜片与海带片同放入砂锅，加水足量，大火煮沸后，改用小火煨煮至熟，加盐、蒜蓉，出锅前淋入香油即可。

养生功效

* 海带含丰富的碘，白萝卜富含维生素 C，二者同食，适用于甲状腺肿、乳腺癌及其术后放疗、化疗康复期间调养。

不需要术后调理的人可以在汤里加适量的肉丸，让汤多点油水，味道更佳。

～ 煲汤更好喝 ～

山药百合鸡汤

～～ 2 人份　🕙 1 小时 20 分钟

原料

土鸡半只，山药200克，干银耳、鲜百合各10克，料酒、盐各适量。

做法

❶ 干银耳温水泡发后撕成小朵；鲜百合剥片（干百合用清水泡发）。

❷ 山药去皮切块，洗净；土鸡切小块，加料酒汆水，撇去浮沫，冲洗干净。

❸ 另起锅，下入所有食材，加入足量水，大锅煮开后转小火慢炖60分钟，加盐调味，即可出锅。

养生功效

* 山药有补脾养胃，生津益肺，补肾涩精的功效。
* 百合有清心安神，补中益气的功效。

山药削皮后接触空气会发黑，因此去皮后需立刻泡水，以使颜色保持白皙。

～ 煲汤更好喝 ～

图书在版编目（CIP）数据

好喝滋补汤 / 李宁主编 . -- 南京 : 江苏凤凰科学技术出版社 , 2019.1（2019.7 重印）
（汉竹·健康爱家系列）
ISBN 978-7-5537-9746-5

Ⅰ. ①好… Ⅱ. ①李… Ⅲ. ①保健 - 汤菜 - 菜谱 Ⅳ. ① TS972.122

中国版本图书馆 CIP 数据核字（2018）第 234142 号

凤凰汉竹

中国健康生活图书实力品牌

好喝滋补汤

编　　　著	汉　竹
主　　　编	李　宁
责 任 编 辑	刘玉锋
特 邀 编 辑	徐键萍　许冬雪
责 任 校 对	郝慧华
责 任 监 制	曹叶平　刘文洋

出 版 发 行	江苏凤凰科学技术出版社
出版社地址	南京市湖南路 1 号 A 楼，邮编：210009
出版社网址	http://www.pspress.cn
印　　　刷	合肥精艺印刷有限公司

开　　　本	720 mm×1000 mm　　1/16
印　　　张	12
字　　　数	220 000
版　　　次	2019 年 1 月第 1 版
印　　　次	2019 年 7 月第 2 次印刷

标 准 书 号	ISBN 978-7-5537-9746-5
定　　　价	39.80 元

图书如有印装质量问题，可向我社出版科调换。